JN274150

大阪湾
―環境の変遷と創造―

生態系工学研究会　編

恒星社厚生閣

はじめに

　現在，政府が進めようとする自然再生基本方針は，地域に固有の生物多様性の確保，地域の多様な主体の参加と連携，科学的知見に基づく順応的な実施など，自然再生を進める上での視点を示している．これまでは，有識者の支えのもとに行政が計画を立案し，実施してきたが，今後は一般市民も参加した形で意志決定が図られなければならなくなる．しかし，現状では，大阪湾をはじめとする沿岸域の環境について，十分な知識の共有が図られていない．この知識の共有化が今必要とされている．

　生態系工学研究会は 1987 年に活動を開始した研究者の集まりであり，「劣化した生態系の改善と修復」「望ましい生態系の積極的な創出」を図るべく，生物学，生態学，化学，物理学の各分野の研究者が結集し，「生態系工学」と称するべき学問体系の構築と，独自研究や技術開発，現場への応用を行ってきた団体である．事業の一環として，1987 年から 2009 年の 22 年間に数多くの公開シンポジウムを，また，沿岸域環境について基本から学ぶ機会を望まれる方々を対象とした基礎講座を開催し，沿岸域の環境について議論を行い，知識の普及に広く努めてきた．

　本書は，そのような経緯のもと，多くの参加者からの要望により産まれたものであり，生態系工学研究会が初めて公表する書物である．難しいことをできるだけ平易に分かり易いように記述することに努めたが，紙数の関係もありやや難しくなったことも否めない．しかし，身近にある大阪湾を共通のフィールドとして，環境再生について一通り学習できるよう，構成，執筆を行った．大阪湾の現況や私たちの生活との関わり，環境再生への取り組みについて，大阪湾の環境再生につながる情報を一通り取りまとめたつもりである．

　日本の各地で環境再生の問題が横たわっている．各地で環境再生に取り組んでおられる方，そして，考えておられる方が，本書を参考書として活用していただければ幸いである．

　　平成 21 年 9 月

　　　　　　　　　　　　　　　　　　　　　　　　　　　生態系工学研究会

執筆者紹介

編　生態系工学研究会

代表編集者
中辻啓二（大阪大学大学院工学研究科　教授）
上月康則（徳島大学大学院ソシオテクノサイエンス研究部　教授）
大塚耕司（大阪府立大学大学院工学研究科　教授）

執筆者
第1章　眞鍋武彦（元兵庫県水産技術センター　所長）
第2章　上月康則
第3章　中辻啓二
第4章　中辻啓二
第5章　重松孝昌（大阪市立大学大学院工学研究科　准教授）
　　　　中西　敬（総合科学株式会社　常務取締役，大阪市立大学・徳島大学大学院・近畿大学　非常勤講師）
第6章　矢持　進（大阪市立大学大学院工学研究科　教授）
第7章　上嶋英機（広島工業大学大学院工学系研究科　環境学専攻　教授）
第8章　古川恵太（国土交通省 国土技術政策総合研究所　沿岸海洋研究部 海洋環境研究室長）
第9章　中西　敬
第10章　大塚耕司

カバー写真提供
城者定史　((学)大阪コミュニケーションアート専門学校)

生態系工学研究会趣意書

　近年，海洋開発に伴う多種多様の事業が活発になるにつれて，環境影響評価の必要性が高まっていることは周知のとおりです．

　この環境影響評価に関する理論・方法の研究や実務等が盛んに行われていますが，その内容は必ずしも十分とはいえない場合が多く，且つ，開発後の経年的追跡調査と環境評価の検証は殆ど行われていません．いうまでもなく，生態系は生物的・非生物的要素の相互作用で，時間的に変動しつつある実体であり，多彩な生物活動が複雑に絡み合いつつ，多様な環境機能（即ち環境浄化・生物生産・景観・アメニティ・防災・自然保護等に関連する諸種の機能）を有するものであります．しかし，現在行われている開発行為は多くの場合単目的であるため，本来生態系のもつ多様な環境機能が十分発揮されないか，または消滅することも稀ではありません．

　私たちは，このような現状認識に基づいて，海洋・沿岸・河口域生態系の持つ望ましい多様な機能をできる限り併存・強化されるべき手法の開発を目指して，

　　1. 劣化した生態系の改善と修復
　　2. 望ましい生態系の積極的な創出

を図るべく，生物学・生態学・化学・物理学を取り込み，有機的に総合した新しい工学，即ち「生態系工学」と称することのできる研究とその応用技術の必要性を痛感します．

　ここに，種々の分野の研究者の理解を得て研究推進を図るため，「生態系工学研究会」の結成を呼びかける次第であります．

　　昭和62年(1987年)5月30日

　　　　　　　　　　　　　　　　　　　　　　　　生態系工学研究会　発起人代表
　　　　　　　　　　　　　　　　　　　　　　　　　　　　辻田　時美

目　次

はじめに ……………………………………………………………（中辻啓二）……… iii
生態系工学研究会趣意書 ……………………………………………（辻田時美）……… v

第Ⅰ編　大阪湾の環境と私たちの生活

第1章　私たちの生活と瀬戸内海，大阪湾のありよう ………………（眞鍋武彦）……… 2
　1-1　はじめに …………………………………………………………………………… 2
　1-2　海域再生は何をめざすのか ……………………………………………………… 3
　1-3　人口，食糧問題と漁業 …………………………………………………………… 3
　1-4　瀬戸内海の環境と漁業の将来 …………………………………………………… 5
　1-5　これからの瀬戸内海 ……………………………………………………………… 7
　1-6　『漁業用水』―海は誰のために― ……………………………………………… 7
　1-7　環境指標としての光補償深度 …………………………………………………… 8
　1-8　おわりに …………………………………………………………………………… 9
　　　Q＆A ………………………………………………………………………………… 9

第2章　海辺の形をつくる自然と人の作用 ………………………（上月康則）……… 11
　2-1　自然がつくった大坂湾の風景 …………………………………………………… 11
　2-2　古代，中世における海辺の開発―浅場との格闘― …………………………… 13
　2-3　臨海工業都市の形成と環境悪化―浅場の埋め立て・消滅― ………………… 16
　2-4　海辺を楽しむ，守る ……………………………………………………………… 19
　2-5　これからの大阪湾の海辺づくり ………………………………………………… 23
　　　Q＆A ………………………………………………………………………………… 24

第Ⅱ編　大阪湾水環境の現状

第3章　大阪湾の自然環境とその変遷 ……………………………（中辻啓二）……… 26
　3-1　大阪湾の地形と気象の特性 ……………………………………………………… 26
　3-2　大阪湾における海水流動 ………………………………………………………… 28
　3-3　大阪湾における赤潮・貧酸素水塊の発生状況 ………………………………… 29
　3-4　大阪湾における水質総量規制の実施と水質変化 ……………………………… 31
　3-5　おわりに …………………………………………………………………………… 32
　　　Q＆A ………………………………………………………………………………… 33

第4章　大阪湾の流れを見る，観る，視る，診る …………………（中辻啓二）……… 34
　4-1　大阪湾で見られる流動特性 ……………………………………………………… 34

4-2	大阪湾を東西に分断する潮汐フロント	34
4-3	大阪湾で観られる大規模な渦	36
4-4	大阪湾を流動する淀川洪水流の動態	37
4-5	大阪湾の流動を測る；眼に見えない渦を計測する！	37
4-6	数値模型による大阪湾内の流れの可視化	41
4-7	エスチュアリー循環を惹起する河川流入水	42
4-8	おわりに	42
	Q & A	43

第5章　大阪湾の水質 　　　　　　　　　　　　　（重松孝昌・中西　敬）　46

5-1	閉鎖性内湾の宿命「山川海のつながり，全ての水は海に通ず」	46
5-2	大阪湾の水質分布	46
5-3	水環境を表す主要な指標項目とその意味	49
5-4	複合的要因による水質悪化	52
	Q & A	58

第6章　大阪湾における生物 　　　　　　　　　　　　　　　（矢持　進）　60

6-1	大阪湾水環境の変遷	60
6-2	プランクトンの分布	60
6-3	ベントスの分布	62
6-4	付着生物の分布	63
6-5	漁業生物	65
6-6	環境と生物の経年変化	67
6-7	貧酸素水塊の影響	70
6-8	渚の役割（護岸形状）	73
6-9	渚の役割（浅場・干潟）	74
	Q & A	78

第Ⅲ編　大阪湾の自然再生

第7章　海域環境再生のための技術 　　　　　　　　　　　（上嶋英機）　80

7-1	自然再生に向けた国際的な動き	80
7-2	国内の自然再生と海域環境再生施策	82
7-3	環境修復技術の開発と効果検証	92
7-4	おわりに	97
	Q & A	98

第 8 章　港湾環境再生のための施策 ……………………………（古川恵太）……… 100
- 8-1　港湾環境再生の変遷とその背景（環境保全から自然再生へ）……………… 100
- 8-2　自然再生の定義 …………………………………………………………………… 103
- 8-3　自然再生の 3 つのキーワード …………………………………………………… 105
- 8-4　おわりに …………………………………………………………………………… 112
- 　　　Q & A ……………………………………………………………………………… 112

第 9 章　環境評価の尺度と基準 ……………………………………（中西　敬）……… 114
- 9-1　海域の環境基準 …………………………………………………………………… 114
- 9-2　環境評価の尺度 …………………………………………………………………… 116
- 9-3　まとめ ……………………………………………………………………………… 120
- 　　　Q & A ……………………………………………………………………………… 121

第 10 章　環境修復の取り組み事例 ………………………………（大塚耕司）……… 122
- 10-1　環境修復の論理的な手順 ………………………………………………………… 122
- 10-2　目標設定とゾーニングの取り組み事例 ………………………………………… 123
- 10-3　ケーススタディーと最適案選定の取り組み事例 ……………………………… 127
- 　　　Q & A ……………………………………………………………………………… 133

第Ⅰ編

大阪湾の環境と私たちの生活

　環境の問題とは，人と環境とのかかわり方の問題である．また環境というのは，一時の出来事でできるものではなく，人と自然の営為の相互作用の歴史的積み重ねの結果で，必然的にできるものである．つまり大阪湾の環境問題を考えるにあたっては，まず人々が大阪湾をどのように考え，利用し，環境を変え，保全してきたのかについての歴史を学ぶことが基本となる．

　そこで，本編では，これからの海の環境再生と私たちの生活について考えるための基礎となる，その時々の政治，産業，文化，災害，そして人々の暮らしといった社会的な要素をまとめる．第1章では，海の再生と私たちの生活とのかかわりを考える視座を「漁業用水」という言葉を用いて明示し，第2章では，古代から現在に至る大阪湾での人と海とのかかわり方から今の大阪湾の環境がつくられた歴史的背景について述べる．

第1章

私たちの生活と瀬戸内海，大阪湾のありよう

> わが国の持続可能性を漁業から考え，瀬戸内海での漁業の実情について，さらに，これからあるべき瀬戸内海の姿，新「瀬戸内海法」の必要性を述べる．特に「漁業用水」を社会的に農業用水，工業用水と同等に位置づけることが将来の人口・食糧危機を乗り切るポイントである点を強調し，最後に，環境再生を検討するために有効な指標として「光補償深度」を提案する．ここで扱われている問題と取り組みは，私たちの生活様式に起因するものであり，瀬戸内海や大阪湾といった一内湾の環境再生に限られたものではなく，全国，さらには世界各地でも同様に考えなければならないことである．

1-1　はじめに

　日本人は古来より海を海上交通，食物生産の場として大切に利用してきた．ことに瀬戸内海は政治・文化・経済の中心であった畿内と中国や朝鮮など大陸との通信路，北前船などの貿易路などとして重要な役割を担ってきた．寄港地となった"津"が文化集積・発信地として果たした役割は計り知れない．また1934年3月に，雲仙，霧島とともにわが国で初めての国立公園に指定された．現在は，西は北九州市，東は和歌山市にまでおよぶ約630平方 km の広大な公園となっている．

　瀬戸内海は沖積世初期（約1万年前）に海水が進入し形成された代表的な半閉鎖性海域で，本州，四国および九州によって囲まれた東西約450 km，南北15〜55 km の海域で，平均水深約33 m の水路状浅海を形成している．また多くの島と複雑な地形，顕著な潮流，多くの流入河川および低降水量などにより，他の海域に見られない多様な特徴を有している．海洋環境は主に断面積の大きい紀淡海峡および豊予海峡からの流出入水に支配され緩やかな海水交換がある．これらの特徴は水生生物の成育に好適な条件を与えることになり，漁業は盛んで魚種も700種に及ぶとされている．また温暖少雨のため多くの入浜式塩田が江戸時代中期頃から開発され，藻場・干潟の一部が失われた．

　その最東部に位置する大阪湾は瀬戸内海でも最も人口の集中した後背地を保ち，中世以降現在に至るまで政治・文化・経済の中心として発展を続けてきた．ただ，近年の人口の集中，消費文明の跋扈（ばっこ）に伴い，環境破壊が深刻になり1970年代には極に達し，瀬戸内海は"死の海"と化したといわれた．その後の瀬戸内海環境保全臨時措置法（後の特別措置法）を基本に据えたわが国の環境対策は目覚ましい効果をもたらし，現時点では一部の海域を除いて美しい水質環境を取り戻している．しかし湾奥部などの強汚染，並びに海底近傍の水質悪化，底生生物の減少など非解明，未対策の問題点も多く，今後の積極的な取り組みが必須である．

1-2 海域再生は何をめざすのか

　わが国の人口は2006年に入り減少に転じたとはいえ1億2,700万人に達する．江戸期は3,000万人台でほぼ安定していたが，西欧型文明の流入とともに1911年（明治44年）には5,000万人を，1966年（昭和41年）には1億人を突破した．高度経済成長期には沿岸海域の開発が進み，浅海域の生物生態系は破壊され，海岸の親水機能は失われてしまった．

　わが国沿岸域の環境破壊の原因は豊富であった水資源をふんだんに利用する"水に流す"的な日本人の水に対する無頓着さに起因する所も多かったであろう．また，瀬戸内海など閉鎖性海域では明治以降進められた"使い捨て型水利用"は都市部への人口集中とともに局所的強汚染，後には広範囲な汚染現象として多くの問題を生じた．また，1995年阪神淡路大震災でのライフラインや海岸線の破壊は近世日本が導入した水利用の問題点と，その導入不適合に伴う沿岸域の脆弱さを見せつけた．

　我々は将来に向け，大阪湾周辺地域に生活し，海から恩恵を受け続けるためにも，今何をしなければならないかに目を向けなければならない．海は陸からの負荷を受け入れ有用物を再生産し，陸に還元できる唯一の場であり，沿岸環境の再生，健全な循環の場づくりこそ重要である．また，自然とふれあう場の欠如した現代において，"心を癒す場"としての重要さはいうまでもなく，今求められている海域再生は目に見える生産の場，そして豊かな自然と接する場という二つの機能をもつ必要がある．

　人が手を加え易い沿岸域の再生が先ず重要であろうし，そのような中，過ぎた一次生産力をもち，全海域にわたり開発が進んだ大阪湾には早急な再生着手が必要であろう．そしてその成果は問題を抱えた他の多くの海域再生のよい見本となろう．

　環境再生は自然に対する懺悔であり，人類が人として将来にわたり健全に生きるための方法であり目的ではない．身近な沿岸域再生を目ざす時にも，近年跋扈する狭視野的環境倫理に臆することなく，人口，エネルギー，食糧問題など，全体的（holistic）観点から再生を目ざすことが肝要であろう．

表 1.1　古代から近世にかけての人口変化（万人）（鬼頭宏，2000）

年　次	人　口	年　次	人　口	年　次	人　口
縄文早期	2.0	725（奈良）	451.2	1721（享保）	3127.9
縄文前期	10.6	800（平安）	550.6	1786（天明）	3010.4
縄文中期	26.1	1150（平安）	683.7	1792（寛政）	2987.0
縄文後期	16.0	1600（慶長）	1227.3	1846（弘化）	3229.7
弥　生	59.5				

1-3　人口，食糧問題と漁業

　わが国の現在の人口は，既に明治初期の約4倍に達している（総務省，2009）．食料は国内生産では十分まかないきれず，多くを輸入に頼っている．地球上の人口は1999年10月に60億人に達し，2007年6月に66億人を突破した推測され，2040年頃には90億人を突破するといわれている（U.S.Census Bureau, 2006）．わが国の穀類・肉類輸入の最重要国アメリカも2006年10月上旬に3億人を突破した．

この急激な人口増加に対応できる食糧増産は至難のことであり，ことに急速な人口増大が懸念されている国々では早晩食糧危機が訪れることは必至とされている．ローマクラブが示した人類成長の分岐点2020年までにあとわずかな期間しかなく，地球上人類の人口・食糧問題の抜本的解決まで時間的余裕はほとんど残されていない（Meadowsら，1972）．また，エコロジカルフットプリントの概念では，現時点で人類は地球1.2個分の資源を利用し（Wackenagel・Rees, 2002），さらに大きい利用拡大が予測されており，地球上における人類繁栄の地域的偏りが懸念される．

わが国の食糧供給をみると，食料生産の基幹となる農林水産業は資本主義原理の下，衰退の一途をたどり，食糧自給率はカロリーベースで40％，生産額ベースで66％と，欧米諸国と比べても極端に低い自給率となっている．1965年頃はカロリーベースで73％であったことを考えると，ここ3～40年間で，極端に自給率が低下している．肉類の自給率はさらに極端で，生産量ベースで90％から56％に減少している（農水省，2007）．日本がいかに食料生産を疎かにし，生産努力を避け，安い食料を経済力に物を言わせ輸入に頼ってきたかがわかる．いつまでこのような強い経済力を利用した，途上国の食糧事情を無視した食料輸入が可能なのであろうか．わが国をはじめ経済大国の過大な食料輸入は，途上国の食糧問題をより深刻なものにしている．途上国のGDP増大，人口過剰が懸念される2020年頃からは，わが国への諸外国からの低コスト食料の輸入は難しくなり，さらに食料輸入そのものが困難になることが予測されている．国内生産量を高め，自ずから自給率を高める必要がある．また食料資源の循環ロスを大幅に削減することが必須である（わが国の食物の可食部分の廃棄率は，高度成長下に急速に増大し，1965年に12.6％，1993年には28.8％に達している（農水省，2000））．

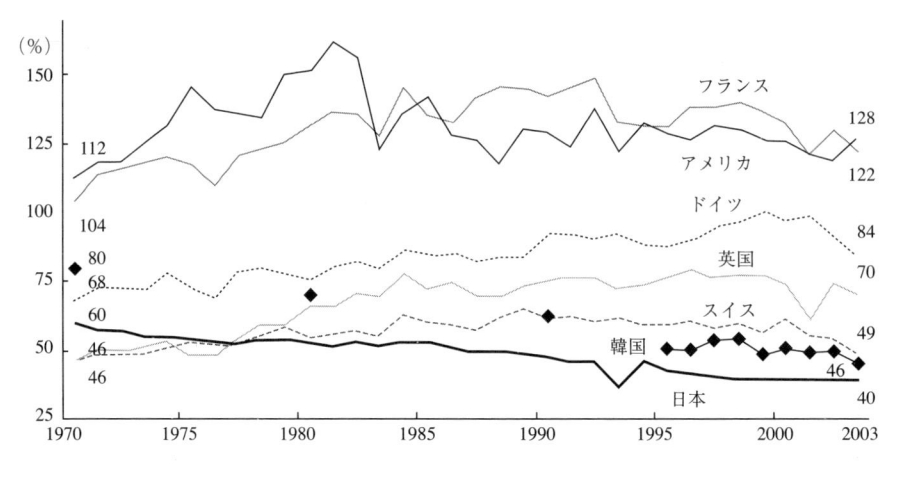

図1.1 主要先進国の供給熱量自給率の推移（農林水産省，2008）

わが国では，食糧自給増大を目指し食料安全保障マニュアルを立案した（農水省，2001）．また食料自給率レポートの中で2010年における目標食糧自給率を45％としたが（農水省，2000），2009年時点で40％と低く達成の見込みはない．また新たな基本計画（農水省，2006）でも2015年における目標値を同じく45％としている．将来の世界的人口爆発，食料危機に対応するために，食糧自給率の低いわが国ではそれ以上に高い自給率達成目標を掲げる必要がある．また，先進国として，わが国が目指す達成目標は全地球的見地から立案する必要がある．また，国内における現有資源の有効利用，

過重化した人口，環境管理などの適正化などが大きい課題である．

　国土の少ないわが国で開発しうる耕地面積には限りがあり，将来国民の食料を支えるには農業以外からの供給が必要となる．近年，食生活の肉食化が進み，肉類生産拡大のために大量の餌料穀物供給が必要になっているが，餌料の大半を輸入穀物に頼っている現状から見ると，畜産業における大幅な食料増進は期待できない．また，食肉を生産するために，その数倍以上の穀類を餌料として与える必要があり（食問題特別委員会，2000），全地球的な食糧危機の中では非効率的な食料生産は成立しなくなろう．

　未開発の広大な面積をもつ海が主食（穀類自給率）の一部を担わなければならなくなってきている（エネルギー効率のよい海藻養殖産業などに期待が持てる）．ただ，その漁業は近年徐々に衰退し，魚介類自給率は低下しており（農水省，2006），海国日本として反省すべき点は多い．

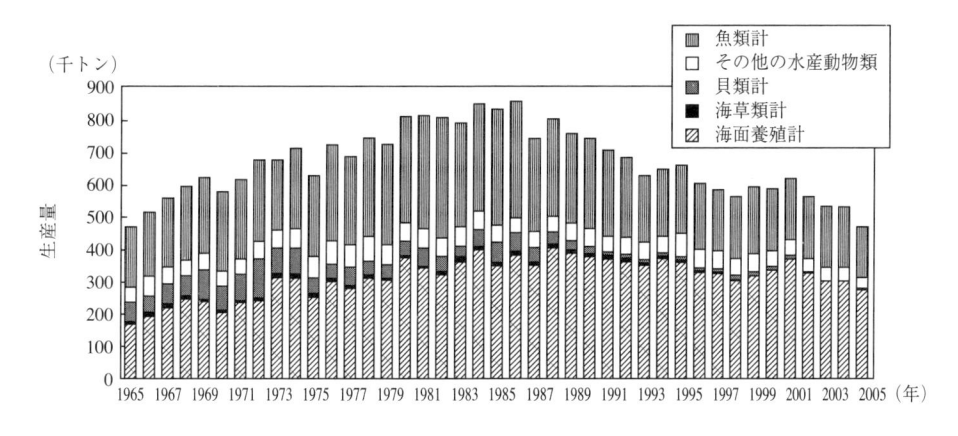

図1.2　瀬戸内海における漁業生産量の推移（瀬戸内海環境保全協会，2008）

1-4　瀬戸内海の環境と漁業の将来

　瀬戸内海汚染の実態が如実に現れたのが，1972年に表面化したPCBsによる魚介類汚染，そして有害赤潮による魚介類の斃死事件であった．PCBs汚染問題は後に徹底した汚染状況調査，迅速な汚染源の除去などにより汚染は軽減した．有害赤潮による魚類の斃死事件は瀬戸内海東部4県で瀬戸内海全体の養殖魚の65％に当たる1,400万尾，約70億円の被害を与え，海域汚染に対する人々の意識を高めた．また1975年には岡山県水島石油コンビナートからの重油流出事故が発生し，瀬戸内海の漁業は壊滅したとまでいわれた．流出重油は多くの機関，住民などの努力により大部分が回収され，さらに大きい自然の自浄力によって，長期間の悪影響を生態系には及ぼさなかった．他にも異臭魚発生，奇形魚発生，重金属汚染，残留農薬など積極的な対策がとられないまま放置されている環境汚染問題は多くある（瀬戸内海環境保全協会，2004）．

　このような機運の中，1973年に瀬戸内海環境保全臨時措置法が，後に1978年の瀬戸内海環境保全特別措置法が成立し，瀬戸内海の環境保全施策の方向が示され，これが現在の有明海・八代海再生特別措置法そして対策へと繋がっている．この瀬戸内海法が成立する大きなきっかけになった1972年

の赤潮発生・被害に対しては，当時天災融資法が適用されるという非常に異質な展開を見せた．ただ，これは赤潮発生による養殖魚の斃死の原因が天災にあるとしたわけではなく，漁業被害救済の立場から天災融資法を適用したものであるが，一方では人為的な過栄養化・赤潮発生を自然現象と断じ，人災を天災に転嫁してしまう風潮が跋扈するようになり抜本的対策が後手にまわった．

漁業はその全てを自然の生産力に依存してきた．最も直接的に水を利用し，魚介類を育み漁獲し，海の環境変化（陸の人間活動の結果）に応じ漁業形態を変えながらわが国の食生活を支え生業としてきた．

海域には水循環の過程で，陸上の生物活動の余剰物が流入する．この余剰資源の多くは魚介藻類によって再び有機化される．漁業は海域に流入したこの余剰資源を貴重な食料（漁獲物）として回収再利用する唯一の生物資源循環産業といえる．その回収量は内海域などでは負荷量の数％〜20％に達する（門谷，1996）．過密な生物（ことに人類の人口密集）による環境悪化の中，資源循環産業としての漁業の役割は非常に大きい．近年の漁獲量減少などによる漁業の後退は環境保全上の大きな問題でもあり，漁業の持続が非常に重要といえる．

漁業の形態は陸上の汚染の歴史に非常に左右され，陸上がまさに漁業形態を変えてきた．わが国の漁業は漁船の動力化や漁具の改良などで，第二次世界大戦後，飛躍的に活発化し，1980年代中頃漁獲量は1,200万トンとピークに達した（農水省，2006）．しかし，産業の急速な復興，人口の集中などとともに陸上の多量の余剰資源が水域に流入し，瀬戸内海の環境は悪化，漁業に悪影響を与えるようになり，漁獲される魚種の多様性は損なわれるようになった．

わが国の食糧生産を海から見ると，1964年に113％を示した魚介類のカロリーベース自給率は現時点では55％と激減し，農産物同様，資源を輸入に求めたことがわかる．わが国の排他的経済水域は世界で6番目に広く（日本財団，2002），利用できうる資源も生物，冷熱や一次生産力など非常に大きいことが知られている．経済水域内の資源利用はわが国，そして全地球的にも非常に重要で，将来，恐らくエネルギーや食糧資源の主を占めるであろう．

元来漁業は副食産業であり，魚介類は日本人食料供給熱量の5.1％（魚介類供給量は130 kcal/人，全供給熱量は2,562 kcal/人）を占めるにすぎず（農水省，2002），エネルギー源として，穀物産業代替の期待は大きくなかった．しかし，魚介類はタンパク質供給量の22.2％を，また動物タンパク質供給量の40.4％を占め，その重要性は計り知れない．ただ近年輸入が増加し，重量ベース自給率は57％に低下している．輸入穀類の減少などに伴う畜産タンパク質を水産物で補うには，将来的に1965年（昭和40年）当時の動物タンパク供給量の60％程度まで，そして自給率を100％に高めることが望まれる．海洋資源は未だ未開発部分が多く，さらに，漁業は生産のために必要なエネルギーは少なく，さらなる効率化によって，食糧供給寄与率を高めることはできよう．また，漁獲後廃棄され市場に出ない漁獲物，加工・料理の過程で廃棄される部分などを極力少なくし，畜産物餌料，エネルギー資源などとして活用すれば，実質的に100％を上回る自給率も可能であろう．さらに海底に固定されている栄養物質の魚介藻類としての回収などは今後必須であり，食料としての寄与を高めるであろう．

わが国における魚介類の自給率を高めるため，国内生産の増大は必須であり，肉食に偏在する国民の嗜好を，過去の植物食，魚食に誘導する必要があろう．もちろん漁業自体も大きく変化する必要があり，ことに，深層水利用などによる沿岸・沖合養殖の創出など，経済水域内資源の積極的利用は

必須となろう．また，未利用資源の利用のための研究・調査は非常に重要になる．食料面，環境面で漁業の役割を果たすためにも沿岸漁業の継続的発展を図る必要がわが国にはある．

1-5　これからの瀬戸内海

　沿岸海域汚染に対する行政対策の基本的な部分は，陸上からの負荷を抑制する方向の対策，つまり"環境負荷抑制型"行政であった．この対策は，陸上からの汚染負荷を一方的に抑制する方向に進み，海の栄養バランスや沿岸生物の生態系などといった自然の営みを考慮した方向には進まなかった．すなわち陸の論理で行政が，そして社会風潮が流れてきたといっても過言ではない．海を生活の糧とする漁業および漁場環境などは軽視されてきたといってよい．また，海と陸とが互いの立場にたって議論しあう場が産・官・学いずれの場においても非常に少なかった．従来，陸と海との話し合いの場面は，結果的には漁業補償で解決されることがほとんどで，互いに海を食い物にしてきた歴史がある．それは日本高度成長期の中の流れであり，そのツケを将来にわたって支払う義務が我々にはある．人間をも含めた生物にとって海が物質循環系の非常に重要な位置にあることを認識する必要がある．

　水生生物の生態系にとって，滑らかに流れる水資源こそ必須の条件である．山地に降った雨は森やため池，水田，川などで栄養を蓄え熟成し海に注ぐ．海はそれらの栄養を利用し養殖ノリや魚介類などのかけがえのない海の幸を育む．また，多くの生物は海と川を行き来し生態系を維持している．このような水循環こそ生態系に望ましいシステムである．しかし水資源利用効率を高めようとすると，水は多くの貯水や利用の場で汚染の危機にさらされ，また滞留時間が長くなり水循環を妨げることになる．

　わが国の人口，食料，資源，環境汚染などの将来を考える上で，上記のように相反する問題を注意深く評価することが大事である．効率的な水利用，豊かな生態系を育む水循環，そして地域の成熟した産業などが調和・共存するため，多くの知恵と議論の蓄積が必要とされる．

　瀬戸内海環境保全特別措置法は当時の社会状況や科学的知見などから見て非常によく練られたものと評価できる．将来に向け，効果を上げてきた"環境負荷抑制分散型行政"に加え，海域に負荷され蓄積し易い非利用物を，有用物として回収利用するなど，"環境負荷回収利用型行政"への方向転換，余剰資源回収産業としての漁業，そして漁業の持続的発展こそ如何に重要か，といった視点を十分に論議し，瀬戸内海環境保全特別措置法に替わる進化した新『瀬戸内海法』を生み出すことが今必要とされている．

1-6　『漁業用水』—海は誰のために—

　日本で利用されている年間水量は，利用可能な水資源量の21％，$890 \times 10^{12} m^3$ 弱で，この量は近年ほぼ一定で，ダムやため池などに確保されている．利用量が最も多いのが農業用水で，ほぼ71％が利用されている．日本が現在，諸外国から農作物や畜産物などとして輸入される食料を水の量（virtual water：ヴァーチャルウォーター）に換算すると $640 \times 10^{12} m^3$ に達する（Okiら，2003）．すなわちこれら輸入食料を国内で生産すると，今確保されている量の約1.7倍の水が必要になる．食糧自給率を

高める上で，農業用水不足問題は今後の大きな課題といえる．利用可能な水資源の約80%は未利用のまま海などへ流入しており，今後とも農業用水を確保する手段として，ダムやため池，森の保水力などが重要になる．近年，否定的な立場から議論されることの多い農地，埋め立て，ダム確保の必然性と，その功罪に関し十分な論議が必要であろう．

一方，地球上に $134 \times 10^{16} m^3$ 存在する海水は実質上無限といってよい（国交省，2006）．ただ，人口密集地域の閉鎖性の強い沿岸域などには，河川などからの陸上の余剰資源が流入し，環境は近年悪化の傾向をたどり，生物生産に不適な環境になり，漁業活動は大きく制限されるようになった．食料生産の場としての沿岸海域の再生と利用が日本の食糧自給を支える大きな力になろう．

水の利用はその目的から，生活用水，工業用水，発電用水，環境用水に加えて，農業用水などのように分けられ，水資源を積極的に利用する概念ができている．この概念は歴史的にも水利権として認められ，互いに共存し産業を支えている．しかし，陸上優位，上流優位の形は否めず，漁業を持続するための『漁業用水』といった概念は未熟で，他分野との水利用に関する秩序は成立していない．

瀬戸内海のノリ養殖は主たる漁業種として，さらに余剰資源回収産業として重要な位置を占めてきた．最盛期の1980年頃を境に瀬戸内海東部海域では，一時的な漁場環境の悪化（栄養不足）により品質低下"養殖ノリ色落"が見られるようになった．環境悪化の原因は養殖ノリ葉体の伸長期に大型珪藻類が大量に発生し，栄養を取り込むことにより発生する現象であることが筆者らの研究で判明した（眞鍋・近藤，1984）．漁業界では漁場への栄養補給が大きな課題とされ，ダムや大堰など貯留施設設置に伴う漁場への栄養供給の不足が大きく取りざたされるようになり，"養殖ノリ色落"時のダムなどの貯留施設からの放流が叫ばれるようになった．

『漁業用水』（眞鍋，2001，2007）の考え方を提言する目的は，漁業を支える水すべてを資源と位置付け，工業用水，生活用水，発電用水，農業用水などの水利用分野と共存することにある．また魚介類が育ち，ノリ養殖などが滑らかに営める環境が，実は非常に重要であると主張することにある．漁業にとって必須の『漁業用水』と農業用水や工業用水などとの大きい違いは，『漁業用水』の多くの部分を漁業者自らが制御できない所にある．歴史的に見ても『漁業用水』は陸の論理に支配され，漁業者自らが陸に向かって主張する機会は皆無であった．歴史的に秩序が成立している"先発水利権"と"後発水利権"『漁業用水』との相互理解こそ重要である．ここで主張する『漁業用水』は，農業，漁業など一次産業が将来の人口・食糧危機を支える共通の立場にあり，水利用においても共通の立場にあることを示すもので，互いに対立した概念ではない．水利用分野において，『漁業用水』が"後発水利権"として下位におかれるのではなく，将来にわたって"先発水利権"と同じ立場で協調しあえることを主張するものである．

1-7　環境指標としての光補償深度

生産性の高い漁場環境を維持することは海域保全，食料生産の立場から非常に重要である．その水環境をはかる項目として，古くから"透明度"が用いられ，現在においても最も信頼度の高い項目といえる．また近年，有機物量を測定する手法として陸水域ではBODが，海水域ではCODが用いられてきた．また富栄養化指標としては栄養塩類の他，全窒素，全リンなどが用いられている．ただ，

これらのもつ本質的な意味は不明確で，測定条件の設定なども難しく，正当な数値が得られないことが多く，蓄積されたデータの評価が難しい．ここでは浅海域のよりよい環境として，光合成による有機物生産が呼吸による有機物消費よりも大きい水圏環境を提案する．言い換えると，水域の水深より大きい"光補償深度"を保った海づくりを目指すものである．

　　　光補償深度（m）＞水深（m）

"光補償深度"は経験的に表層の可視光線量が 1/100 に減じる深度に近いことが知られており，以下のように表すことができる（高橋ら，1996）．

　　　光補償深度（m）＝ $2D/\log(I_o/I_a)$

　　　（D ＝測定水深，I_a ＝測定水深における光強度，I_o ＝表層における光強度）

光強度は現場で測定することが基本であるが，研究室などでも近似値を得ることができる．

このような海底まで光が到達する環境では，水塊がほぼ常に酸化状態にあることを意味し，生物生育環境として良好な環境といえる．

1-8　おわりに

21 世紀中頃から全地球的な食糧危機が予測されている．ことに，食料の大半を輸入に頼っているわが国で問題は大きい．この問題解決こそが地球温暖化対策などに先がけて実施しなければならない現時点の最大の課題といえよう．四方を海に囲まれるわが国にとって，適切な人口制御，陸地の適正な利用とともに海洋生物資源の積極的な有効利用こそ食糧問題解決のために肝要なことと考えられる．この危機的な人口問題，食料問題を乗り切り，そこで得られた知見，知恵を全世界に発信することが少資源・高人口密度先進国としてのわが国の使命であろう．

わが国の自然資源にあった食料生産を目指すためには，生物資源を育む環境の整備が必須となる．"沿岸海域の再生"はまさに人が将来的にも飢えず，生き延びるための一手段であることを認識する必要がある．自然界の自浄作用にまかせた水管理，水利用ではなく，積極的に人が関与し，海を永遠に利用できる状態に保つことが重要である．

人類は無限の欲望に向かって突き進んできた．しかし，『地球資源が有限である以上，人間の欲望も有限でなければならない』のである（酒井泰弘，2004）．

（眞鍋武彦）

Q&A

Q1　光補償深度を適度に保つ方法は？

基本的には生物による正常な物質循環が必要で，まず肥大化した一次生産力を弱めることが必要です．そして高次生産力を高めるための生物生育環境の整備・再生などが必要です．これらにより適度な光補償深度が得られ，生物多様性が高まり，高い生物生産が得られるでしょう．

Q2　食糧自給率を高めるために，我々が出来ることは？

ここでも 3R（Reduce, Reuse, Recycle）が必須です．先ず一人あたりの食料供給量を低減する必要

があります．"食"に関する過満足の世界，成人病の世界からの脱却が重要です．また家庭や食品加工過程での廃棄量を少なくする必要があります．さらに廃棄したものを生物餌料，肥料，エネルギーなどとして再利用することも重要です．それ以前に，基本的には西洋型食生活からの回帰，農耕地，用水の確保，漁場の保全などは必須です．

Q3 漁業用水は農業用水など他の用水概念と共存できるのでしょうか？

歴史的に見て，近年の産業発展，人口増大の以前，両者は水利用に関し共存していました．亀裂があるとすれば，近代農業，食糧増産の過程で生じた問題といえるでしょう．自然界や社会におけるそれぞれの役割を互いに評価できれば，手法的には困難なこととは思えず，必ず共存できるはずです．

文　献

鬼頭宏（2000）：人口から読む日本の歴史，講談社，pp.16-17.
国土交通省土地・水資源局（2006）：平成18年度版「日本の水資源」，pp.28-39, pp.181-182.
眞鍋武彦（2001）：海からの提案「漁業用水」，朝日新聞 "論壇" 42908：29.
眞鍋武彦（2007）：新しい水利用概念『漁業用水』提案の経緯－水利用と食料自給の観点からー，日本水産学会誌，73, 93-97.
眞鍋武彦・近藤敬三（1984）：大型珪藻 Coscinodiscus Wailesii による栄養塩類の取り込みについて（予報），昭和59年度日本水産学会秋季大会予稿集，304pp.
Meadows, D.H., D.L.Meadows, J.Randers, and W.W.Behrens Ⅲ (1972)：The Limits to Growth-A Report for THE CLUB OF ROMES Project on the Predicament of Mankind-（大来佐武郎監訳9，ダイアモンド社，pp.73-110.
門谷　茂（1996）：瀬戸内海の環境と漁業の関わり，瀬戸内海の生物資源と環境（岡市友利・小森星児・中西弘編），恒星社厚生閣，pp.1-37.
日本財団海洋船舶部（2002）：21世紀におけるわが国の海洋政策に関するアンケート調査報告書，pp.163-178.
農林水産省（2001）：不測時の食料安全保障マニュアル，pp.1-37.
農林水産省（2008）：平成18年度食糧自給率レポート，pp.56-58.
農林水産省（2006）：漁業・養殖業生産統計年報（漁業・養殖業部門別累計統計生産量），（Electronic Document）http://www.maff.go.jp/tokei.html
Oki,T., M.Sato, A.Kawamura, M.Miyake, S.Kanae, and K.Musiake (2003)：Virtual water trade to Japan and in the world. Proceedings of the International Expert Meeting on Virtual Water Trade, *Value of Water Research Report Series*, 12, 221-235.
酒井泰弘（2004）：リスク，環境及び経済（池田三郎・酒井泰弘・多和田眞編），勁草書房，3-13.
瀬戸内海環境保全協会（2004）：生きていた瀬戸内海－瀬戸内法30年－，pp.222-246.
瀬戸内海環境保全協会（2008）：平成18年度瀬戸内海の環境保全資料集，pp.31-32.
総務省統計局（2009）：第58回日本統計年鑑，pp.33-35.
食問題特別委員会（2000）：新千年紀における食問題の解決に向けて，日本学術会議，pp.15-17.
高橋正征・古谷　研・石丸　隆（1996）：生物海洋学2「粒状物質の一次生成」，東海大学出版会，pp.11-31.
U.S.Census Bureau (2006)：International Data Base (IDB)(Electronic Document).http://www.census.gov/ipc/www/idb/worldpop.html
Wackenagel,M., and W.E.Rees (2002)：Our Ecological Foot Print（和田喜彦監訳），合同出版，pp.270-272.

第2章

海辺の形をつくる自然と人の作用

　大阪湾は,「大阪の海は悲しい色やね」,「さよならをみんなここに捨てに来る」,「恋や,夢のかけらみんな海に流してく」(歌/上田正樹,作詞/康珍化)と歌われたが,いつから大阪湾はそんな海になったのだろうか? 高度経済成長期の社会に問題があったという答えは適切ではない. 古代から現代に至る大阪湾の成り立ちを学べば,一貫した大阪湾に対する人のかかわり方があったことを理解できるだろうし,比類ない魅力が大阪湾にはあることを感じるに違いない. 本章では,"まだまだ捨てたもんやない"夢のある海,大阪湾を紹介する.

2-1　自然がつくった大坂湾の風景

1) 大坂湾の湾奥にあったもう一つの閉鎖性水域(河内湾,河内潟,河内湖)

　大坂平野や海辺の形は圧倒的な自然の作用に,人為が加わって長い時間をかけてつくられてきたものである. 約6,000年前の縄文時代前期といわれる頃の気候は温暖で,現在よりも気温が2〜3℃高く,海水面も数m高かったようで,上町台地の東側にも海水が大きく入り込み,水際線は生駒山地の麓にまで及んでいた. 現在の大坂湾の奥に河内湾と呼ばれるもう一つ閉鎖的な水域があって,当時の生活を残した森ノ宮遺跡には,マガキを主とした縄文後期の貝塚が残っている.

　また,河内湾には淀川と旧大和川が流れ込むとともに,運ばれた土砂がそこに堆積し,三角州が広がっていた. さらに半島状に突き出た上町台地の先端には天満砂堆が北側に伸び,西側には難波砂堆が広がり,上町台地のすそ野はどんどんと成長していった. このために,大坂湾への出入り口は狭くなって,海水交換は悪化し,淀川や旧大和川の河川水の影響を強く受けて,塩分は低下していった. この時代に残された貝塚の二枚貝の種類もカキから淡水性のセタシジミへと変化しており,当時の塩分環境の変化がそこに生息する生物種,そして食生活にも変化を及ぼしていたことがわかる. このように河内湾は河内湖(草香江)となり,水辺では淀川と大和川から運ばれてきた肥沃な土砂を利用した稲作が始まっていた(図2.1). しかし,同時に土砂の堆積によって湖の容積は次第に小さくなり,長雨になると淀川と旧大大和川からの水が行き場を失い,周辺の集落はたびたび水害を被っていた.

　このようにこの時代の大坂湾の地形は,気候変動や砂の堆積によって大きく変化し,まさに自然の力によってその原形がつくられていった. また大坂湾周辺に居住した古代の人々は,洪水の恐怖に怯えながらも,魚貝類の採集や稲作など自然の恵みを利用しながら,生活をしていたようである

2) 古代大坂湾の風景

　大坂湾を「チヌの海」とも言うが,そもそもその名前の由来にはいくつかの説がある. 第1に,魚のチヌという名前に由来しているという説. 2つ目に,古事記の伝承に由来するという説.

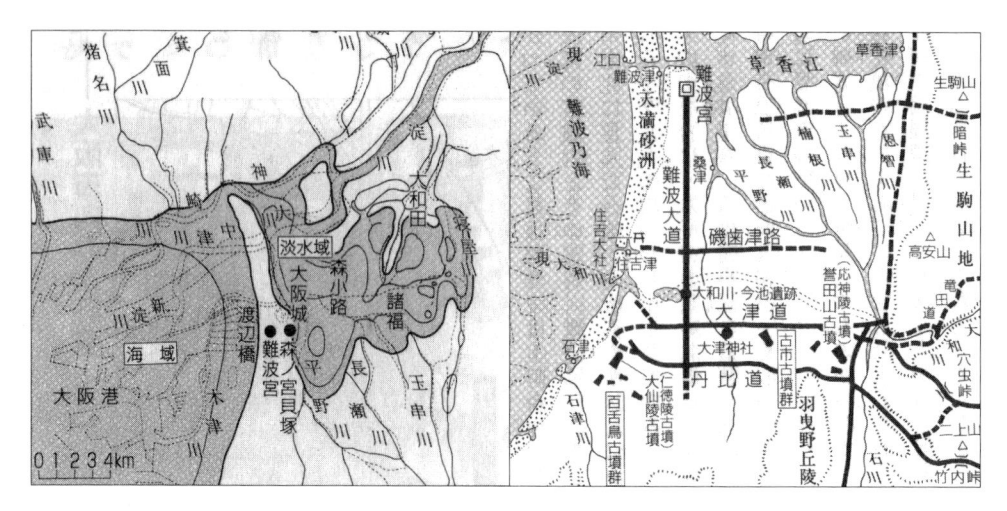

図 2.1 河内湖の時代（約 1800 年〜 1600 年前）と難波宮の時代（6 〜 7 世紀）（上田・小笠原, 1995）

古事記には，神武東征の時，兄の五瀬命（いつせのみこと）が矢傷を受けた手を海水で洗ったところ，あまりの出血に海は赤く染まり，まるで血の海のようになったことから，大坂の海を「血沼（ちぬ）の海」と呼ぶようになったとある．漢字には血沼の他にも，茅渟，血渟，珍努，千沼，智怒と書かれることもあるようで，特に，茅渟という言葉は大坂府和泉地方の古名で，茅（チ，カヤ）とはススキ，チガヤ，スゲなどの総称で，ヨシの意味もあって，渟は水分がたっぷりとあるさまを指している．つまり，当時の大坂湾にはヨシなどの湿地帯が広がって，この風景に由来して茅渟の海と呼ばれるようになったと考えることもできる．

また現在の大阪城から四天王寺にかけての上町台地上の地域を指すナニワという言葉の由来にも諸説がある．代表的なものに，魚が豊富であったことを意味する「魚庭」に由来するという説がある．また日本書紀の内容に由来するといった説もある．「神武天皇軍は吉備から船で東に向かった．そしてまさにナニワザキに着こうとした時，速い潮流があったので早く着くことができた．そこで，ここをナニワの国と名づけた」とある．当時の流れを知ることはできないものの，大坂湾と河内湖をつなぐ浅瀬は，潮時によっては急流をなして水が出入りしていたに違いなく，この状態を指して，ナミハヤ（浪速），それがなまってナニワ（難波）となったとも考えられる．同様に日本書紀の歌謡「押し照る難波の埼（さき）の並び浜」の中の並び浜から，複数の浜があったことを意味するナミニワ（並み庭）を語源とする考えもある．さらにナ・ニ・ワのそれぞれ言葉の意味からナニワとは「間隔狭く並ぶ」といった意味にもなるようで，ナニワの由来は今日ではナミハヤ，あるいはナミニハから転化したとする考えが有力視されているようである．

このようにチヌ，ナニワという言葉の由来を考えると，「大坂湾の海辺は遠浅で，沖合には多くの砂州が幾列にも形成され，その背後にはヨシの湿地帯が広がり，大坂湾と河内湖との出入り口では船の往来が困るほどの速い流れが潮時によってはあった」と太古の大坂湾の風景を思い浮かべることができる．

2-2 古代，中世における海辺の開発—浅場との格闘—

1）難波（なにわ）の堀江の開削と国際港湾都市，難波宮の誕生

　大坂平野は元々河内湾が土砂で埋まってできた土地であるが，その過程では随分と多くの洪水があったようで，災害を防ぐために昔から，水路の開削や河川の付け替えなど様々な治水事業が行われてきた．

　大坂湾での最古の事業の一つには，5世紀後半から6世紀初頭に仁徳天皇による「難波の堀江（なにわのほりえ）」の開削事業がある．これは河内湖の水はけをよくすることと大坂湾との航路を造ることを目的に，上町台地の北端の砂堆を切り開き，湖と大坂湾をつなげたもので，今の大川の原型であるともいわれている．この難波の堀江の開削は，今では，とても素朴な事業といえるが，当時は大規模なもので，人が大坂湾の地形に手を加えた初めての工事であった．

　この水路のおかげで洪水の心配が幾分減り，大坂湾から河内湖，そして飛鳥へと人や物資を運ぶことも容易くなり，諸外国からの使節団は瀬戸内海を船で東上し，難波津という港に上陸できるようになった．同時に倉庫，大使館や迎賓館に相当する内外の外交施設が設けられ，大いに賑わった．また古代の政治の中心は，主として飛鳥・奈良地域にあったが，大化改新（645年）のはじまりとともに都は難波に遷され，内外にその権勢を誇示する宮殿が今の大坂城の南側あたりに造られた．この地が遷都先に選ばれた理由には，①難波津が古代におけるわが国きっての国際港であったこと，②戦争など不安定な状況にあった中国大陸，朝鮮半島の国々に迅速に対応するためといわれている．またこの場所は岬状に突き出た上町台地の北端にあたり，広大な大坂湾の海原を眼下に収めることができる，ちょうど外海と内海との出入口に位置し，畿内と西国諸国，海外とを結ぶ国際港湾都市として繁栄した．難波は，以後8世紀末までの約150年の間，日本の首都，または副都として日本という国の黎明期に大きな役割を果たすことになる．

2）人工島・経ヶ島（きょうがじま）の建設

　経ヶ島は大坂湾で海を埋め立てて造られた最古の人工島である．経ヶ島は今の神戸の和田岬の東側にあったと思われ，大輪田泊（おおわだのとまり）という港の修築の際に造られた．大輪田泊は，僧行基（668〜749年）によって造られた古来の要津（ようしん）であったが，しばしば風波によって停泊する船が被害を受け，幾度か港の修築が行われていた．なかでも有名なものが平清盛（1118〜1181年）によるものである．清盛は1180年に瀬戸内海交通の要衝である大輪田泊を眼下に一望できる福原へ遷都を行ったが，この時に大輪田泊の前に人工島の経ヶ島を築いて風浪による港津施設の被害を防ごうと考えた．人工島の建設にあたっては，山を切り崩した土砂で海を埋め立てようとしたが，工事は大変難儀し，とうとう人身御供をするに至った．人々は犠牲となった子供を哀れに思い，その後は人柱を捧げずに工事をしようと，埋め立て用の石の一つ一つに経を書いて沈めたといわれている．経ヶ島という名前はこの逸話を基にしたものである．

　経ヶ島は平家滅亡の後，兵庫港として再興されたが，応仁の乱によって，壊滅的な打撃を被り，日明貿易の繁栄が堺に移っていった．また1596年には文禄慶長の大地震によって，兵庫港はほとんど全滅し，再びこの地で活況がみられるようになるのは幕末の兵庫港開港（1868年）まで待たなけれ

ばならない．

3) 放水路・安治川の開削

大坂が「水の都」として栄えるのは豊臣秀吉の時代になってからのことである．当時の上町台地の周りは湿地が多く，市内にもたくさんの中州があったようで，秀吉は大坂城の築城とともに，入り乱れた州を整理するかのように，縦横に堀川を開削し，「水の都大坂」の礎を築いた．江戸時代には本格的な堀川の整備がなされたが，大きな船は市内には直接入ることはできず，物資は沖で小舟に詰め替えて，市中に運び込んでいた．また淀川と旧大和川が合流する川は，大きく湾曲し，しばしば大洪水を起していた．

そこで，当代きっての水工技術者で，東廻りや西廻り航路を整備開発していた河村瑞賢（1617～1699年）は，有効な洪水対策は流れを阻害するようにある河口部の九条島を掘り割り，淀川の水を一直線に大坂湾へ導くことであると幕府に提言した．これは淀川の水を直接海に放水するバイパスを造るという計画であり，山林の伐採禁止と植林，大和川の川底をさらう浚渫（しゅんせつ），川中のヨシの刈り取り，両岸の改良工事などと併せて行えば，甚大な洪水被害は防げると考えた．この工事は1684年から4年間かけて行われ，改削された川はこの地が安らかに治まるようにとの願いをこめて，安治川と名付けられた．安治川は治水だけではなく，大坂湾から直接市中に行き来する航路として使われ，大坂の繁栄にはなくてはならないものになっていった．

4) 大和川の付替えと新田開発

旧大和川の流れは現在のものとは大きく異なり，昔は東から流れて上町台地に行く手を遮られると，そこから西北へ折れて流れ，最後は淀川へと合流していた．古代より河内平野では，2つの大河が運ぶ肥沃な大量の土砂のおかげで，稲作などが行われてきたが，常に洪水の危険もつきまとっていた．これは川の流れで運ばれた土砂が川底にたまり，川底の高さが周辺の土地よりも高くなったことや，河口に堆積した土砂が川の流れを妨げていたためである．ちなみに記録に残る古い大きな洪水には，1563年の死者16,000人が出た畿内大洪水が有名である．

当時から為政者はこの問題を何とかしようとさまざまなことを試みていたが，大きな成果をあげるには至らなかった．江戸時代になると，河村瑞賢の河口での安治川開削の他にも，中甚兵衛（1639～1730年）らは大和川の流れを変えて，洪水を治めることを考えた．大和川の付け替えは，古くは788年に和気清麻呂（733～799年）も試みたが，完成には至っていない．またこの工事には新しく川筋となる村々からは強い反対があり，甚兵衛らの願いは幕府にはなかなか聞き届けられなかった．その中で瑞賢による安治川開削の方が先に行われるなど，川の付替えの必要性は認められにくくなっていった．しかし，淀川河口の水はけは安治川によって随分と良くなっても，大和川筋の治水はいっこうに改善されておらず，河床の高さは田畑より3mも高いままであったことや，嘆願を続けている間にも河内平野がすべて泥海と化すような水害が起こったこと，さらに新田開発の有効さが幕府に認められ，ようやく工事の許可が出された．工事では，のべ約245万人もの労力が注がれ，1704年10月までの，わずか8ヶ月間で，総延長約14.3 km，川幅約180 mの大和川の付替えがなされた（図2.2）．

大和川の付替えがなされると，期待通り旧大和川沿いでは新田開発が始まり，その5年後には約1,050 haもの新田が開発された．これは地代総額で37,000両あまりとなり，幕府が費やした付替えの費用分に補てんされた．なお幕末までには旧大和川筋の新田開発は53ヶ所，石高は10,953石にも達

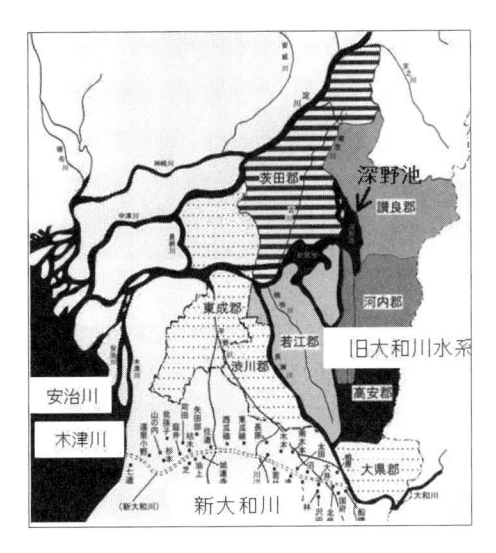

図 2.2 新旧大和川（八尾市立歴史民俗資料館, 2004）
大和川は西から流れ，地点 A で北に向きを変える．いくつかの川に分かれて大阪平野を流れ，淀川に合流，大阪湾にそそぐ．

したそうである．しかし，すべての人が満足した結果となったわけではなく，少なくとも家や田畑などをなくした村は 40 ケ村，約 270 ha にも及び，特に新しく大和川の流域となった地域では大きな環境の変化も生じていた．特に中世の自由な港湾都市として栄華を誇った堺は大和川の河口に位置することになって，運ばれてくるおびただしい土砂によって埋没し，以前のような賑わいはすっかり失われてしまった．また新しい大和川は西除川と東除川を分断するように付け替えられたために，左岸一体が排水不良地となり，大水の時にはその地域の村々に水害が発生し，また右岸でも大和川本川の堤防決壊などの被害に見舞われるようになった．その後，堺では，堆積土砂を利用した新田開発が活発となり，現在の大和川河口の原型を造りつつ，堺以南の地域と関係を深め，和泉地域の中心都市として独自の商工業都市的発展を遂げていく．

5) 安治川での御救大浚（おすくいおおざらえ）

淀川，大和川では，洪水防止や水運の便を維持するためには絶えず浚渫を行うことが必要となっていた．なかでも 1831 年（天保 2 年）に行われた「御救大浚」といわれる安治川河口での浚渫は相当な規模のもので，一目見ようと見物の舟が押し寄せ，連日お祭りのような騒ぎになったという．この時に川底から取り除かれた大量の土砂は河岸に積み上げられ，高さ約 20 m，長径 200 m ほどの小山になった．この山は「天保山」と名付けられ，現在では日本一低い山として今もその位置に残っている．

浚渫された土砂は，新田開発によく利用されたが，それは満潮になれば海没する洲を堤防で囲み，その中に浚渫土砂を積み上げるといったものである．当時の地形図に水滴のような形をした集落があるのは，砂洲の形に沿って新田が造られていたためである．この新田では米，麦をはじめ，綿，藺草，菜種油，大豆などの商品作物が栽培され，特に綿作は新しい農村工業としての木綿産業の発達をもたらし，商品経済の発展を促すことになった．またこの綿作の肥料には，北前船で北海道から海送されたニシンの〆め粕が使われた．

ところで，大坂の市章には澪標（みおつくし）が使われているが，「澪」とは舟が航行できる水の

図2.3　遊覧船でにぎわう安治川と天保山（歌川広重）

深いところ，「標」とは道案内という意味で，澪標とは大坂湾の浅瀬に立てられていた航路標識のことをいう．なお，この澪標は古歌にも読まれ，平安時代には既に使われていたようで，1894年（明治27年）には大阪市の市章となった．このように古くから大坂の海辺には広大な浅場があって，その海辺の環境は市民にとっては大変身近な存在であった．

2-3　臨海工業都市の形成と環境悪化—浅場の埋め立て・消滅—

1）オランダ人技術者らによる近代技術の紹介

　日本は開国をきっかけに，欧米列強に立ち遅れた国力を充実させようと近代化への道を力いっぱい急速に歩みだした．しかし海運では蒸気船を使おうと考えたものの，停泊させることのできる港や航路はほとんどなかった．淀川では上流からの砂の堆積のために，河口の水深はおよそ40 cmしかなく，とても蒸気船が航行できる状態にはなかった．そこで政府は，当時水工技術に関して優れた技術者を輩出していたオランダから土木技術者を招き，技術指導を仰ぐことにした．

　1872年（明治5年）年，オランダ人土木技師団総勢10名が来日し，全国の河川・港湾・砂防事業の指導にあたった．淀川では，蒸気船が円滑に通れるような水深の確保が依頼され，ヨハネス・デ・レーケ（Johannis de Rijke）らは，水制を巧みに設置し，1875年から12年間の工事で，計画どおり水深1.5 mの航路を確保することに成功した．またその後もヨハネス・デ・レーケだけは残り，1903年までの30年間，わが国で多くの河川，港湾，砂防事業を指導し，近代的な水工技術をわが国に伝えていった．

　この時わが国が古代より希求し続けてきた『海辺を人が自由に使える』時代の幕が，ようやく開いたのである．なお，この頃からオオサカには「大阪」という漢字をあてて使用することが定着する．

2）大阪港築港から高度経済成長まで

　明治となった頃の大阪港は安治川を利用した河川港であったが，土砂の堆積によって水深が浅くなっていて，1,000トン級の大型船の貨物は安治川河口の天保山周辺では，はしけ舟に移されてから市内に運ばれていた．しかし，海上での作業は手間がかかる上に，季節風によって小船が転覆するなどの海難事故が数多く発生していた．このために外国航路などの大型船は次第に大阪を避けて，神戸

や横浜の港を利用するようになり，幕末期には全国商圏の70%を占めていた大阪の経済界も次第に衰退していった．

1897年（明治30年），大阪市はヨハネス・デ・レーケに依頼した大阪築港計画案を基に大阪港築港事業を始めた．なお，当時の総工費は大阪市の歳出の約20倍という巨額なものであった．工事は，まず安治川河口の天保山周辺で防波堤内の浚渫や大桟橋の築造などから始まり，1903年（明治36年）には大阪市街から天保山までの市電と大桟橋（現在の中央突堤）は完成した．しかし，市の財政事情や軟弱な海底地盤のために思うように次の工事が進まず，せっかく完成した大桟橋も大型船の利用がほとんどない状態で，魚釣り客や納涼客だけでにぎわう"魚釣桟橋"といわれる始末であった．築港事業は，第一次世界大戦を契機に再開され，大阪港の第一次修築工事は着工から30年以上経過した1929年（昭和4年）にようやく完了し，第二次世界大戦が始まる頃には，大阪港での貨物取扱量は全国一位となっていた．

第二次世界大戦後の港湾整備は，1950年（昭和25年）の港湾法の制定を契機に本格化する．国土の復興を叶えるために，当時全国の臨海部では埋め立てによる重化学工業の用地造成が盛んになされていた．大阪湾でも，1957年以降，堺市，高石市，泉大津市にまたがる堺泉北臨海工業地帯がつくられ，ここに石油，化学，鉄鋼，金属の工場，発電所，ガス製造所や物量拠点としての堺泉北港が整備され，高度経済成長期の大阪・関西経済を牽引していった．また1961年（昭和36年）に発表された「全国総合計画」の太平洋ベルト地帯構想は臨海部での産業立地整備をさらに加速させ，コンテナ埠頭，フェリー埠頭，トラックターミナルなどの流通関連施設の整備が進められていった．

浚渫土砂で中州を埋め立て，新田，新地を造るといった素朴な海辺の開発が，近代技術によって急速に，かつ大規模なものと変わっていった．海辺の開発が戦後復興と高度経済成長を支えたといっても過言ではない．1960年代以降には神戸ポートアイランドに代表される総合的な都市機能を備えた都市の創造を目的にした埋め立て事業も行われたが，海上都市にあっても海辺への人々の意識はとても希薄で，大阪における海の存在は徐々に小さくなっていった．

3）海辺の自然災害

海辺は，古代から洪水，高潮，地震，津波による被害をたびたび受けてきた地域である．例えば，阪神工業地帯の中心であった尼崎市では地下水を汲み上げ過ぎたために，地盤が年間10 cmを超えて沈下し続け，気づいた時には市内の三分の一が海面よりも低い"海抜ゼロメートル地帯"となってしまった．そこに1950年（昭和25年）のジェーン台風による高潮被害を受け，尼崎市内一帯が浸水し，

図2.4 ジェーン台風（1950年）によって大阪港に打ち上げられた船舶

16万5,500戸の家屋が罹災した．同様に大阪市でも，1961年（昭和36年）の第二室戸台風で，市内の三分の一が浸水し，47万名が被災した．また兵庫県南部地震は，ついこの前まで"ここが海であった"ことを思い知らしめた災害でもあった．埋め立て地の地盤は軟弱で，地震で激しく揺らされると地盤は液状化しやすく，岸壁，臨海部の道路や下水処理場などは大きな被害を受けた．また近い将来起こると予想される南海地震では，津波の被害にも備えておかなければならない．1854年の安政南海地震（M8.4）では大阪湾北部で推定の高さ約2 mの津波が来襲し，木津川，安治川を逆流し，船や橋が損壊，数千人の死者が発生したと記録されている．

海辺を自由に使うことができるようになると，そこに人が集まり，資産が集積するようになったが，いったん想定以上の規模の災害を被るとその被災規模は甚大なものとなった．当然，社会は海辺の防災レベルをなお一層高めることを望むが，その結果，護岸や防波堤はより高く，強固になり，人の意識はますます海辺から遠のくようになった．

4）廃棄物の処分地としての海辺利用

大阪湾周辺の自治体では，し尿汚泥を含む廃棄物の最終処分場を陸地で処理することがいよいよ困難となり，近畿2府4県195市町村から発生する廃棄物を，広域的かつ長期安定的に処分する埋立処分計画「大阪湾フェニックス計画」が策定された．尼崎沖，泉大津沖，神戸沖，大阪沖の4つの計499 ha，7,600万 m^3 の埋立処分場が計画され，2007年現在，尼崎沖，泉大津沖のものは廃棄物で満杯となって，神戸沖での処分場が稼動中である．搬入される廃棄物量は，ゴミの減量化，資源ゴミのリサイクル率向上によって，徐々に減少する傾向にはあるが，当埋め立て地への依存度は変わらず，2011年度には当該地域から発生する廃棄物の80％がここで処分されると予測されている．なお，当埋め立て地の寿命は2021年度と考えられている．

また下水も家庭から発生する廃棄物の一つであるが，この下水を処理する下水処理場の多くも臨海部に建設され，その処理水は海に向かって排水されている．「三尺下れば水清し」とは，きれいな水の中で希釈，さらに汚濁物の分解がなされる自浄作用のことをいうが，そもそも下水処理水の放流にあたってはその先に十分な自浄作用が働いていることを前提になされるものである．しかし，実際に下水が放流されている水域の多くは，埋め立てなどで海水の交換が悪く，汚濁物質の分解に必要な酸素も慢性的に不足している．

このように快適な生活を送っている裏側で，社会や家庭から発生する廃棄物の多くが海辺に集中的に運ばれており，現代社会の"つけ"を海辺が支払っているともいえる．「出しては海に流し，海を埋め立てる」といったやり方を続けるようでは，これ以上の環境改善を望むことは到底できないであろう．

5）海辺の環境破壊

戦後，海辺の埋め立てを中心とした開発によって飛躍的に発展した重化学工業とは相反して，漁業資源は急速に荒廃していった．1950年代には大阪湾の魚類に異臭がするようになり，1956年には熊本県水俣市で水俣病が公式発見されたが，既に地域の発展は工業に全面的に依存しており，人々の関心が海の環境の変化に向けられ，その歩みを緩めるといったことはなかった．当時のことについて岸和田市史（1997）には，「臨海工業地は金の卵といわれ，金の卵を生み出すためには，多少の生活環境の変化などは目をつぶるべきだという論理が支配的となった」とある．

公害への法制度の整備がなされたのは1970年代になってからのことで，1970年には，通称「公害国会」で公害関係の14法案が成立し，1971年には環境庁（現，環境省）が設置された．当時，「水質汚濁防止法及び海洋汚染防止法」，「瀬戸内海環境保全臨時措置法」，「瀬戸内海環境保全特別措置法」などの法律が制定され，1979年には閉鎖性水域に流入する汚濁負荷量の総量を一定量以下に抑えるための対策を講じる水質総量規制が実施された．ただし，これらの対策で大阪湾の環境が元の環境に戻ったわけではなく，浜寺，甲子園，香櫨園など大阪湾の海水浴場は相次いで閉鎖され，赤潮による漁業被害も慢性化していった．当時の状況について岸和田市史（1997）では，「工場廃液で船のスクリューがわずか5ヶ月で腐食し，使いものにならない」とあるが，これは工場から強酸性溶液が大量に海に"垂れ流し"となっていたことを示唆している．

このように，世界から"奇跡の経済復興"と評価されたわが国の華やかな高度経済成長であったが，それは海の資源を生業に生活する人々や豊かな海の環境の犠牲の上に成り立ったものであるといえる．

2-4 海辺を楽しむ，守る

大阪湾の海辺が人で大いに賑わっていた頃もあった．明治中頃には海水浴場が各地の浜でつくられ，大正時代には鉄道会社らによって遊園地が海辺につくられた．

1）海辺の行楽

浚渫土砂によって造られた天保山には松や桜の植樹や高灯籠の設置などがなされ，多くの人が憩う場所になっていた．天保山の賑わいは四季を通じて途絶えることはなかったらしく，当時の天保山の名産として，蛤（はまぐり），馬手（まてがい），蜆（しじみ），赤貝（あかがい），牡蠣（かき），青海苔，鰻，沙魚（はぜ），海松（みるがい）などが記録されており，それらの生物が好む環境を考えると，当時は大阪湾の湾奥の海浜にも清澄な砂浜が広がり海の幸がたくさん採れていたことがわかる．

また木津川から分流する尻無川の河口も格好の潮干狩場でもあった．春の大潮は，江戸時代にはちょうど3月3日の雛の節句と重なり，女の子の成長を祝う子供膳に上げるハマグリを採取するのにもってこいの日どりで，ハマグリ採りが盛んであった．他にもハマグリは昔からいろいろな用途で使われていて，平安時代には，貝殻の内部に絵や文字が書かれたハマグリを伏せて，それに合う片方を探す遊び「貝あわせ」や，化粧品や薬の入れ物にもされていた．また婚礼の宴には「貞女二夫に見えず」の意味で，夫婦和合の象徴としてハマグリの潮汁が供されるなど，ハマグリは関西で広く親しまれてきた貝であった．セイゴ（スズキの子），チャリ（タイの子），イナ（ボラの子）などもたくさん採れ，これらを出世魚として喜んでい

図 2.5 尻無川のハマグリの潮干狩り（野村，1997）

たとある．ところで，尻無川の両岸には，数千株のハゼの木が植えられていて，その実からロウを精製したことが「摂津名所図会大成」に書かれている．この木は秋になると美しく紅葉し，両岸に連なる数千の樹木からなる絶景は，多くの人々を魅了していたようで，風流を楽しみ酒宴を催す群衆で，辺りは大いに賑わっていたようである．なお，この浜は大阪港築港以後，全てが港になってその面影はない．

2）海辺のリゾート開発の始まり
①大浜公園と大浜海水浴場

堺港内の浚渫により生じた築地の西端に，1879 年（明治 12 年）大浜公園が設置された．砲台の跡地の眺望のよさが評判となり，たちまち三階，四階建ての料亭などが出現し，大阪の人々の保養地となった．1903 年（明治 36 年）には東洋一の規模の水族館ができ，アシカやアザラシを含む 500 種以上の生物をみることができた．また大浜公園には 1912 年（大正元年）に大浜の沖から導水した海水を大きな風呂で沸かした潮湯も開業されていた．潮湯は古くから「しほゆあみ」といって海の近くの漁師の家では海水を沸かした風呂に入って病気を治すことに利用されていた．また少女歌劇などが公演されるなど，家族向けの多くの集客施設も立地されていたが，1944 年（昭和 19 年）に第二次世界大戦の戦況が悪化する中で営業を終えた．ところで大浜の海水浴場の近くには，1877 年（明治 10 年）に洋式の灯台が建てられ，ランドマークとして親しまれ，現在はその記憶を伝えるモニュメントが残されている．また潮湯のあった場所は今では，公園内の市民広場となるなど，当時の面影はほとんどなくなっているが，大浴場に少女歌劇，食堂というレジャー施設のコンセプトは，戦後日本中に普及していった"レジャー型の大浴場"の原点ともいえよう．

②浜寺公園と浜寺海水浴場

浜寺公園は，1873 年（明治 6 年）わが国で初めて「公園」に指定されたところである．その後，南海鉄道が開通されるに伴い，旅館などの施設が充実していき，大阪に暮らす資産家層の避暑地となっていった．特に浜寺は古来より松の名勝として有名で，歌にも高師（たかし）の浜といわれていた．ここに，1905 年（明治 38 年），庶民にも海水浴の習慣を普及するべく，東洋一ともいわれる浜寺海水浴場が開設され，水練学校などさまざまな行事が行われ，毎年 70 万人もの人が訪れる風光明媚な保養地として全国的に知れわたっていった．この海水浴場は，臨海工業地の造成のために昭和 36 年夏（1961 年）を最後に閉鎖された．

③甲子園浜

淀川の向こうの西側の海でも阪神電車（阪神電気鉄道）の沿線にレジャー施設が建設されていた．まず 1908 年（明治 41 年），1909 年（明治 42 年）に武庫川両岸に 2 つの競馬場が完成し，1910 年（明治 43 年）には宅地開発が始まった．1910 年には野球用のグラウンドが，1925 年（大正 14 年）には甲子園浜に海水浴場が開場され，1929 年（昭和 4 年）の浜甲子園駅前には旧阪神パークなど数々のスポーツ施設や娯楽施設が建設されるなど，この辺りは多くの大人や子供が訪れ，大変な賑わいであった．しかし，戦争の激しくなってきた 1943 年（昭和 18 年）には阪神パークをはじめ諸施設が川西航空機の工場拡張のために取り潰され，昭和 30 年代後半となると工場排水などで海は汚れはじめ，1965 年（昭和 40 年）に海水浴場は閉鎖されてしまった．

④御前浜・香櫨園浜

甲子園浜の西にある西宮神社の沖合いは御前浜（おまえはま）と呼ばれていた．御前浜の名称は古く，広田神社の"浜の南宮"の前にある浜ということから，平安時代には敬意を込めて"御前"の浜と呼ばれるようになった．またこの海ではタイ，チヌ，ハモ，イワシなどが豊富に採れ，特に鯛は「戎鯛」といわれ珍重されていた．地曳網漁によるイワシは良質な「宮ジャコ」として重宝されていた他，干鰯としても肥料に使われていた．特に戦前までは地曳網漁が盛んで，宮ジャコやイワシの大群で波打ち際が真っ白になることもあったという．イワシを担いだ行商人が「イワシや〜．テテかむイワシやでぇ」（手に喰いつくほど新鮮なイワシ）と大声をはり上げて通りを回っていたらしい．

その後，日露戦争終結時の好景気の中にあった 1907 年（明治 40 年）に，大阪北浜の砂糖商人であった香野蔵治（こうの・くらじ）と株仲買人の櫨山慶次郎（はぜやま・けいじろう）が西宮の夙川一帯に郊外型遊園施設を開設し，遊園地は二人の名をとって「香櫨園（こうろえん）」と命名された．遊園地では，動物園，音楽ホール，博物館，ウォーターシュートなどが備えられ，その前の浜は海水浴場となって，大変賑わっていた．特に海水浴客は年を追うごとにその数を増して，連日砂浜を埋めつくし，その様子は今も写真に残っている．この浜のことを香櫨園浜と呼ぶようになったのは，この頃からのようである．さらに 1920 年（大正 9 年）に阪急神戸線が開通し，夙川駅が設置されて以来，香櫨園は住宅地として発展していった．なお，香櫨園浜海水浴場は甲子園浜と同様に，水質悪化のために 1965 年（昭和 40 年）に閉鎖されている．

図 2.6　かつての香櫨園海水浴場（左；佐々木，2003）と現在の香櫨園浜（右）

3）海辺の文化

大阪の海には国生みの神話から始まる豊かな歴史があり，その環境と人とのかかわりは今も文化となって伝えられている．関西の風土や「大阪らしさ」はその中から生まれているのかも知れない．

①四天王寺ワッソ

四天王寺は，今から 1400 年以上も昔，593 年に聖徳太子によって建立された．東アジアからの使節団は難波津に着き，最初に難波宮に上陸した後，当時の迎賓館である四天王寺へ，さらには飛鳥・大和へ向かったとある．現在の四天王寺ワッソの祭では，このときの百済や高句麗，隋といった各国の使節の姿や儀式の様子を再現した行事である．四天王寺ワッソは新しい祭ではあるが，古代から現代につながる国際都市としての大阪の雰囲気を感じることのできる行事ともいえる．なお，「ワッソ」とは現代韓国語で「来た」という意味．

② えべっさん

　宝船に乗り様々な福を届けてくれる七福神（大黒天，弁財天，毘沙門天は天竺（インド）の神様．布袋，福禄寿，寿老人，えべっさん）の内，えべっさんは唯一の国内神である．エビスを記す字は，夷，戎，恵比寿，恵比須，蛭子，胡……とたくさんあるが，異邦人や辺境に住む人という意味の「エミシ」が語源で，日常の外から福をもたらす神様とされている．またエビスは釣竿を持ち大きな鯛を抱えていることからも，大漁をもたらす神様でもあることがわかる．このエビスを信仰する総本宮は西宮神社にあり，ここからこの信仰が全国に広がっていき，かつては十日戎のお参りには，瀬戸内海の漁村からも船に乗り，西宮港までやってきていた．現在では，魚に限らず，広く商売繁盛の神様という性格をもつようになっている．

③ 船渡御（ふなとぎょ）

　渡御とは，地域の住民全体の安全と繁栄をはかろうとする神事の一つで，神迎えと神送りの儀礼を伴うものが多い．彼方より神が人々の近くに来訪することで始まり，その神を自分たちの祭場までお連れして，歓待した上で，再び来訪地より彼方へお還りいただくというのが本来の祭礼である．船渡御とは，特に神体の移動に船を使うものをいい，大阪では日本三大祭の一つである天神祭が有名である．

　また北九州，瀬戸内海から大阪湾にかけて，神功皇后に関する伝説が数多くある．その一つに，三韓出兵からの帰還途中，垂水沖で大風にあおられ，船を進めることができなくなったところ，海の三神（底津綿津見，中津綿津見，上津綿津見）に航海安全のお願いをしたところ，船が無事航海できたという伝承がある．この3人の「綿津見（わたつみ）」の神さまを祀ったという神社が大阪湾沿岸には数多くあり，なかには神戸市垂水区にある海神社のように，今も神輿を御座船に移し，海上をわたる船渡御が行われているところもある．

4）市民が守った海辺

　西宮市にある甲子園浜，御前浜・香櫨園浜を「大阪湾の湾奥に残された天然の浜」といわれることがあるが，それは「地域の人によって守られた浜」といった方が正しい．

　御前浜・香櫨園浜では，1960年（昭和35年）頃，他の工業地帯に倣って，浜辺を埋め立てて，日本石油を誘致する計画が発表された．ところが，地域の住民や酒造業界は水質や大気の汚染を恐れて，反対の声をあげた．特に全国に誇る宮水の汚染は必至と，市民らは四日市市の視察や自主調査などを行い，埋め立てに反対した．その結果，1962年（昭和37年）には日石誘致を白紙撤回するとの発表がなされ，西宮市はこのことで公害防止先取り都市一号と評価されるようになり，1984年（昭和59年）には，夙川河口の15 haが鳥獣保護区（兵庫県）として指定された．

　甲子園浜では，1967年（昭和42年）に鳴尾浜の埋め立て事業が竣工されたのに続いて，1971年（昭和46年）には甲子園浜の埋め立て事業の計画が発表された．この計画は甲子園浜を埋め立てて，さらに小学校のプールの上に湾岸道路と名神高速を結ぶ道路をつけるというものであった．この計画を知った市民は，地元の小学校PTAを中心に，関係機関への陳情，要望，議会への請願，さらに市庁舎への100日におよぶ座り込み，行政不服審査請求などあらゆる手だてを尽くした運動が展開され，1977年（昭和52年）には，実に2004名もの住民が原告となり西宮甲子園浜埋立公害訴訟を起こすことになる．1978年（昭和53年）には甲子園浜の一部の12 haが特別保護地区（環境庁）に指定され，

その後も「自然を守れ」、「浜を守れ」という粘り強い運動の結果，1982年（昭和57年）には港湾計画に伴う埋め立ては差止，行政と住民は和解し，甲子園浜は守られた．なお，この時行われた市民らによる事前の環境影響調査は，日本での環境アセスメントのさきがけともいわれている．また2002年（平成14年）には，甲子園浜の環境学習の拠点とすべく，甲子園浜自然環境センターが開設され，翌年2003年には西宮市は「環境学習都市宣言」を発表している．

しかし，その甲子園浜も1995年（平成7年）の阪神淡路大震災の折に，干潟の部分は沈下し，その面積は元の約2/3となった他，御前浜とともに青潮が毎年のように発生するなど，解決すべき問題も残されている．

図2.7　西宮甲子園浜埋立公害訴訟原告団，1979.10.16（西宮市甲子園浜埋立訴訟原告団，1991）

2-5　これからの大阪湾の海辺づくり

　大阪湾の歴史をざっと概観すると，自然の力に翻弄されながらも海辺を利用し，その環境の恵みを利用していた明治時代までの間と，浅場をつくる自然の力を近代技術によって圧倒し，どんどんと埋め立てを進めた120年間，そして人の力を補ってまで浅場を創り直そうとする現代とに，時代は大きく3つに区分できる．実際に埋め立ては，江戸時代から戦前までの約300年間で約4,500 ha行われたが，戦後から現在に至るまでの60年間にはその9倍のスピードで8,500 haもの浅場を埋め立て，その全埋め立て面積は元の大阪湾の水面積のほぼ1割に相当する．そして現存する湾奥の浅場面積は甲子園浜と御前浜・香櫨園浜の約30 haだけで，上町台地から見渡す限り広がっていた浅場はほぼ完全に消滅した．この姿は，古代より生活の豊かさや安全を希求し，その目標が達成された結果であろうか．20世紀を物質的な豊かさや安全を達成した時代とすると，これからの時代は環境に配慮しなかったために生じた公害や環境悪化などの"つけ"を支払いつつ，真の豊かさを求める時代といえるだろう．

　ちなみに，浅場の役割の重要性が明らかになって，大阪湾を埋め立て過ぎたと気付いたのは，わずか20年ほど前のことである．しかし浅場に作用する自然の力を弱めてしまった今，放っておけば自然に浅場が健全な状態になったり，さらに浅場が広がっていくといったことはもはや期待できない．人は，これからも従前とは全く異なる方法で，積極的に，かつ永続的に海辺に働きかけ，未来の大阪湾の絵を描き，その実現に向けて取り組んでいくことが必要である．

〔上月康則〕

Q&A

Q1　大阪湾の歴史や環境を学ぶことのできる博物館やHPを教えてください．

次の博物館やHPなどに大阪湾の歴史や環境に関する情報が豊富にあります．大阪歴史博物館，なにわの海の時空館，神戸市立博物館，神戸海洋博物館，甲子園浜自然環境センター，西宮市貝類館，大阪市立自然史博物館，神戸港震災メモリアルパーク．HP：大阪湾環境データベース（国土交通省近畿地方整備局），EMECS（(財)国際エメックスセンター），せとうちネット（(社)瀬戸内海環境保全協会）．

Q2　大阪湾の環境に取り組んでいる市民活動にはどのようなものがありますか．

「大阪湾見守りネット」という任意団体があります．これは大阪湾の各地で活動するグループや個人が，「このまま大阪湾をほっておいたらあかんやん！」という想いでゆるやかにネットワークされたもので，定期的にフォーラムや学習会が行われています．

Q3　大阪湾の魅力について教えてください．

大阪湾には国生みの神話があるように，わが国で最も古い人と自然との歴史があり，そのかかわりが地名となったところが数多くあります．加えて，香櫨園浜，御前浜，甲子園浜では，大阪湾の砂浜，干潟環境を感じることができるでしょうし，浜辺を守っている人との出会いもあります．また大阪湾の出入口に位置する淡路島洲本市成ケ島は"大阪湾のガラパゴス"ともいわれており，海浜植物，魚介類，底生動物，海藻にいたるまで多様な生き物を見ることができます．

文　献

岸和田市史編纂委員会編（1997）：岸和田市史現代編，岸和田市，p.135.
西宮甲子園浜埋立公害訴訟原告団（1991）：甲子園浜を守る―イソガニは戦った―，p.90.
野村廣太郎（1997）：おおさか百景いまむかし，東方出版，p.83.
大阪市港湾局（1999）：大阪築港100年，中巻．
佐々木豊明（2003）：なつかしき大阪，文芸社，p.87.
上田正昭，小笠原好彦（1995）：難波京の風景，文英堂，p.35.
八尾市立歴史民俗資料館（2004）：大和川つけかえと八尾，p.25.

第Ⅱ編

大阪湾水環境の現状

本編では大阪湾の自然環境の実態ならびにその変遷を自然科学的視座から眺める.

第Ⅰ編で述べたように,我々日本人は,長く見積もっても江戸時代の終焉から,短くみても戦後60年間に,それまでの有史以来2,000年間と比べものにならない経済発展を成し遂げ,日々の生活が驚くばかりに快適になった.その反面,失われたもの,損なわれたものも多かった.その一例が自然環境であり,そこに生息する生態系の歪みである.

2003年1月に施行された自然再生推進法においては,「地域住民やNPO等,多様な主体の参画連携の促進」や「自然科学のみならず社会・人文科学の知識」に基づいた協働の必要性が謳われており,今までとは異なった行政の仕組みのなかで多様な主体が集って合意形成を図りながら,自然再生の方向性を考えることが要求される.

本編においては,まず大阪湾の水環境の現状ならびにその特徴の大枠を科学的に説明してみよう.第3章では大阪湾の水環境の現況に関して述べ,続いて,第4章では水質・物質の分布を決定する物理過程,第5章では水環境で扱う栄養塩などの水質・物質の循環,そして,第6章では大阪湾に生息する生物に関して述べる.

第3章

大阪湾の自然環境とその変遷

> 戦後の工業発展と経済および生活様式の高度化を最優先してきたわが国の国土開発は，水質・大気汚染などの公害問題，それが深刻化する過程での沿岸域の埋め立てと油の海洋汚染，富栄養化，貧酸素水塊の海域環境の劣悪化が続けざまに生じた．これに対して，汚濁負荷量の総量規制に代表される規制型保全対策では環境問題の抜本的な解決策にはなり得ないことが認識され始めてきた．環境問題そのものを総合的にとらえ，社会システムあるいはライフスタイルそのものを変革することを求められている．そのような視座から大阪湾の自然環境，そしてその変遷も含めて考えてみよう．

3-1 大阪湾の地形と気象の特性

　大阪湾は図3.1の海底地形に示すように，瀬戸内海の東端に位置し，北東から南西方向に約60 kmの長軸と，北西から南東方向に約32 kmの短軸をもつ楕円形の陥没湾である．その海域面積は約1,450 km²，海水容量は約44 km³，平均水深は約28 mである．大阪湾の南西部は紀淡海峡を経て紀伊水道そして太平洋に，北西部は明石海峡を通じて播磨灘へと連なっている．

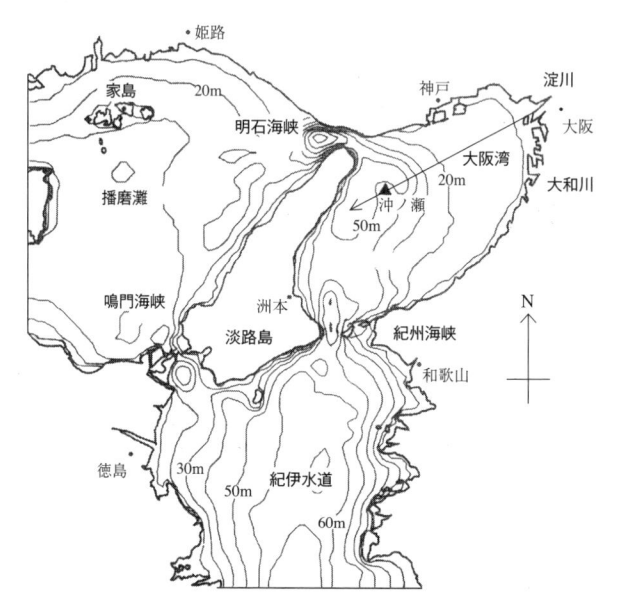

図3.1　播磨灘・大阪湾・紀伊水道の海底地形

海底地形は，湾内の中央部をほぼ南北に走る 20 m 等深線を境に東側と西側とで様相が大きく異なっている．東部海域は，水深が 20 m より浅く，湾奥に向かって緩やかな勾配をもつ平坦面である．微細泥が堆積した泥質海域となっている．湾奥部では一級河川の淀川，大和川から多量の河川水が流入するため，年間を通じて成層化が見られる．一方，湾の西部海域では海底起伏が複雑で水深 40 m から 70 m の海底谷を形づくっており，海峡周辺で急激に深くなり，100 m の水深にも達している．この海域は明石，紀淡の両海峡を通じて流れが速い．底質は礫，砂分が多い．

大阪湾の湾岸域の形状は，埋め立てとベイエリア開発と大きく関連して変化してきた．明治以降の埋め立て面積は約 9,100 ha であり，このうちの約 1 割が未利用地になっている．大阪湾の沿岸線の総延長は約 471 km であり，そのうち自然海岸はわずかに 4 %，半自然海岸もわずか 12 % を残すに過ぎない．その原因の一つは 1947 年のジェーン台風から 1957 年の伊勢湾台風までの 10 年間に合計 2 万人を越す方々が水害によって亡くなり，その対応策として防潮堤を早急に建設せざるをえなかったことと，もう一つは，工業発達と経済の高度化のために工業立地を目指した埋め立て事業であったことである．1978 年から 1993 年の 15 年間に大阪湾の海岸線の総延長は 58.4 km 増加している．その多くは埋め立てによる増加分であり，港湾ならびに流通施設のために護岸はコンクリートの直立構造になっている．護岸の形状や構造から判断すれば，魚介類の産卵・養育に適した浅場の喪失そのものであり，浅場の藻場や干潟が年々減少していく影響は生態系にとっても計り知れない．

降水量は 6 月の梅雨期と 9 月の台風期に多く，それぞれ 230 mm，200 mm である．降水量の少ない 12 月で 40 mm，1 月・2 月では 50 mm である．気温は 8 月に 27 ℃ と最も高く，1〜2 月に 6 ℃ と低くなる．風速は年間を通じて大きな変化はなく，7 月に 2.9 m/s と最も弱く，2 月に 3.5 m/s と最も強い．大阪湾の集水域は 2 府・5 県にわたり，集水面積は約 11,200 km^2 である．周囲地形は，北は六甲山地，東は生駒山地，金剛山地，南は和泉山脈などの 500〜1,000 m の山地が連なっており，平地は大阪平

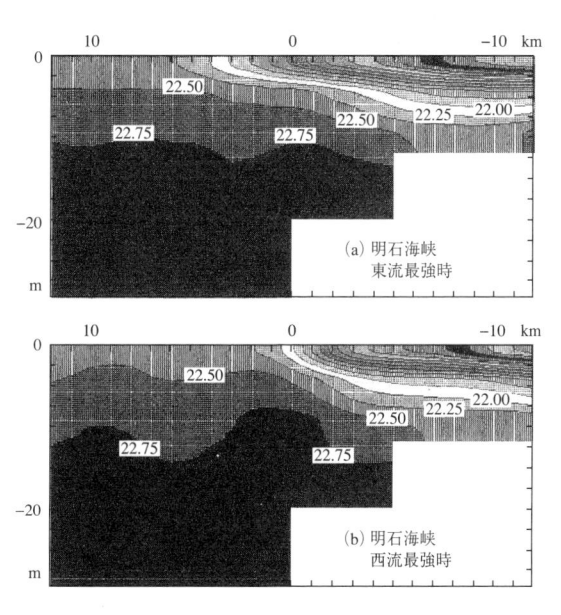

図 3.2 明石海峡東流最強時 (a)，および明石海峡西流最強時 (b) における潮汐フロント，密度差分布．

野などに限られている．大阪湾に流入する主要な河川は，淀川と大和川である．これらの多くは北東の湾奥部に集中しており，年平均流入量 389 m³/s の 90% 以上を占めている．

図 3.2 は大阪湾における長軸方向測線（図 3.1 に明示）に沿った鉛直断面の密度（δt）の季節変化を示す．西部海域は明石海峡と紀淡海峡を通過する潮流に支配されており，鉛直方向に強混合状態にある．一方，東部海域の潮流は全般的に弱く，停滞性の強い海域である．加えて，淀川からの河川水の流入で，成層が一年中形成されていて，上層の水深は 5 m 程度である．この結果，西部海域と東部海域の境界では，西部海域へと拡がる潮汐フロントが形成されている．それは収斂線になっており，海表面のごみの集まりから肉眼でも識別できる．潮汐フロントが概ね 20 m 等深線上に発達することは同図からもわかる．

3-2 大阪湾における海水流動

大阪湾の流動の主要な要因は月と太陽の起潮力による海面の昇降運動による海面勾配によって生じる圧力で惹起される潮流である．潮流も潮汐と同じようにいくつかの，半日周潮や 1 日周潮成分差の線形和で表現される．一番単純な半日周潮成分が支配的な流れであると仮想すると，海面上の流体粒子は楕円形を描くかのように運ばれ，1 周期経過後は元の位置に戻ることになる．しかしながら，このように流動するのは極めて稀であり，元の位置ではなく少し離れた位置に戻ってくる．地形が複雑になればなるほどこの傾向は強い．つまり，物質の輸送を考える場合には，潮流による移動よりも流れの変動を 1 潮汐周期で積分した場合に得られる定常流成分が重要であることが定説になってきた．これは 1 潮汐周期で積分した残りの流れ成分であることから残差流と称される．

図 3.3 は大阪湾における表層と底層の残差流系をそれぞれ実線と破線で示す．（藤原ら，1999）大阪湾の流動構造は 20 m 等水深線付近の海域に南北に形成される潮汐フロントを境にして東部海域と西部海域に分離できる．西部海域では，明石海峡や紀淡海峡から大阪湾に流入・流出する潮流が卓越しており，流入・流出時の経路の違いによって生じる時計廻りの循環が発生する．それを「沖ノ瀬環流」と名付けるが，この環流は水深方向に変化しないことから，複雑な地形との非線形作用で生じる潮汐残差流である．この循環流の流速は大潮時に発達した時には潮流成分よりも大きくなる場合もある．須磨沖反流，友ヶ島反流など，海峡近くで形成される残差流は潮汐残差流である．

いま一つは，東部海域の湾奥部には水深 3〜5 m に限って観測される湾奥部の時計方向廻りの循環「西宮沖環流」である．成層の度合いは季節によって異なるが，湾奥部は 1 年中成層している．このような流動は密度勾配による圧力の影響を受けやすい．上層と下層では異なった流動構造をもつ．また，密度流は流速の小さな流れであることから，地球自転の影響を受けやすい．西宮沖環流の生起機構はつぎのように説明される．河口域特有のエスチュアリー循環により下層水は成層化した上層に湧昇する．その結果，上層中心が高気圧となり，水平発散する．つまり放射状に広がる．水平発散は地球自転の影響を受けて時計廻りの高気圧性循環を引き起こす．力学的には，圧力勾配による力とコリオリ力とが釣り合った流れである．その流速は淀川河口においても 30 cm/s に達することもあり，予想以上に速い．伊勢湾や東京湾においても時計廻りの循環が湾奥の上層で観測されていることから，高気圧性循環は幅広で，成層化した内湾の湾奥部に特有な現象である．伊勢湾でも東京湾でも，その

存在が確認されている．残差流を惹起するもう一つの外力として風応力もある．

　河川流量の少ない場合には，上述したように河川水は西宮沖環流の移流効果により南方に拡がる．これに対して，洪水時には，淀川からの大量の河川水が神戸沖を西に向かうことが衛星写真などで観られる．成層水塊がロスビー変形半径（この場合は約 10 km）をこえると，成層水塊にコリオリ力が働く．その結果，河川水は北半球では右に岸を見る方向に岸に沿った流れ coastal jet を形成し，高速度で流れることが知られている．コリオリ力の影響が結果として，同じ淀川の河川水を異なった方向の流れに働きかけることは興味深い．

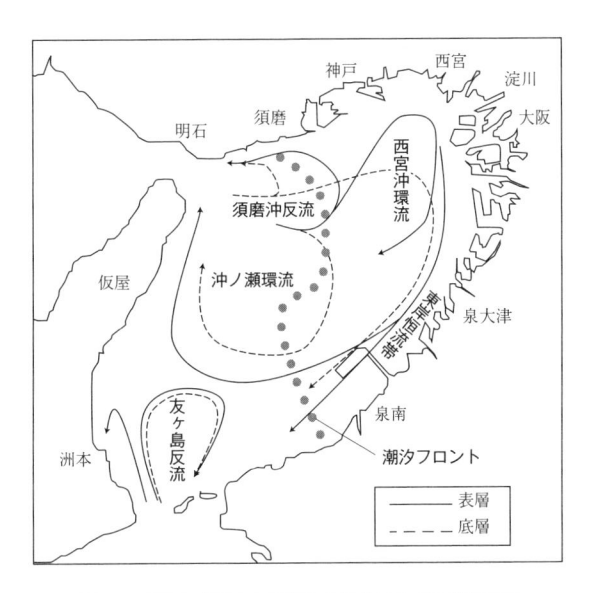

図 3.3　表層と底層とに分離した場合に生ずる残差流系

3-3　大阪湾における赤潮・貧酸素水塊の発生状況

　海の生態系は植物プランクトンが光合成によって有機物を作ることから始まる．これを一次生産あるいは基礎生産と呼ぶ．海水中には通常は窒素とリンとを除いた栄養塩は十分にあるが，生物の体を構成する必須栄養塩類である窒素とリンとが不足勝ちである．ところが，人間活動の活発化に伴って特定の海域に流入する排水などに含まれる有機物が著しく増加し，その結果植物プランクトンなどが異常に増殖して海水中の有機物（COD として測定される）が増加する．前者の有機物量の増加を一次汚濁，そして後者の有機物量の異常な増加，すなわち富栄養化現象を二次汚濁（COD の内部生産）と呼んでいる．この植物プランクトンを動物プランクトンが食べ，その動物プランクトンを小さな魚が食べ，次第により大きな魚が食べる．この関係は食物連鎖と呼ばれる．その過程で有機物は排出され，一部は海底に堆積する．有機物は酸素を消費しながらバクテリアにより分解されて炭酸ガスや窒素，リンなどに戻り，再び植物プランクトンに利用される．富栄養化が進めば，海底付近に貧酸素水塊や無酸素水塊も生じることにもなる．

　人間の活動が活発ではなく，汚濁負荷量が少ないならば，ゆっくりとした速度で食物連鎖が進むの

であろう．海水中の濁りは植物プランクトン，デトリタスや有機懸濁物や河川からの無機性の鉱物粒子などで構成されるので，透明度が濁りの指標となる．透明度の測定は，直径 30 cm の白い円盤が見えなくなった水深で定義する．単純な測定ゆえ，信頼度も高い．図 3.4 は大阪湾透明度の 5 月の経年変化を示す．入手した観測値で最も古いのが 1928 年 5 月であったので，5 月の透明度のデータを比較した．西部海域における透明度は，戦前においては 8 m 以上の高い値を示している．しかし，近年では変動が大きいものの 3～9 m，平均して 6 m 前後とやや低下している．これに対して，湾奥海域では戦前の時点で透明度は 2～3 m と既に低下している．透明度の変化は植物プランクトンの消長により季節変動するが，ここ 30 年の平均は約 3.5 m である．健全な漁業が営まれるための環境条件は年平均で 5 m 以上，最低値で 2.5 m である．大阪湾の湾奥は富栄養化の進んだ海域である．

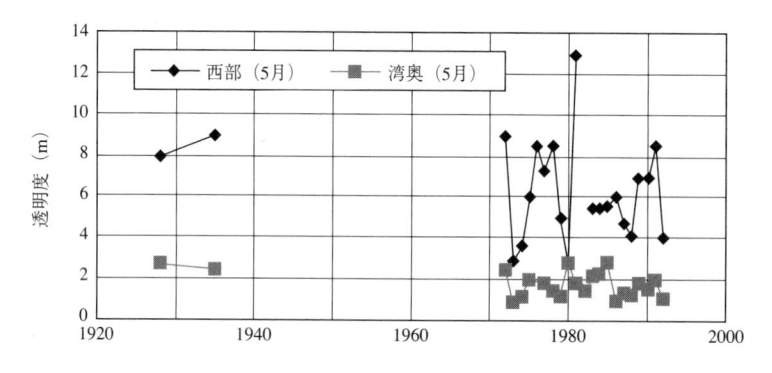

図 3.4　5 月の透明度（m）の経年変化

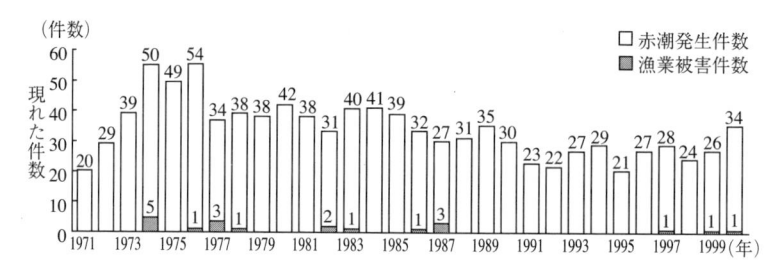

図 3.5　大阪湾における赤潮の発生数の経年変化

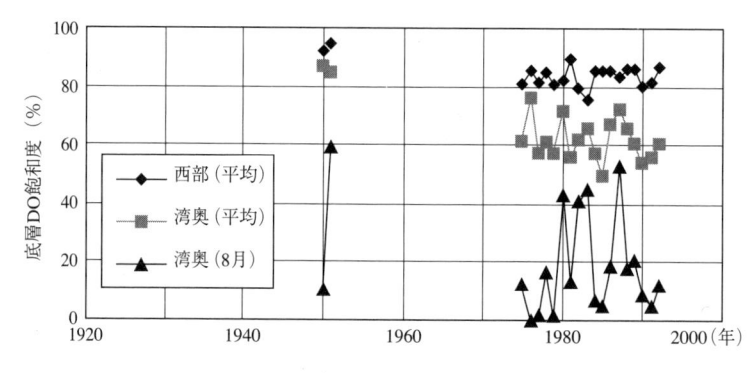

図 3.6　底層 DO 飽和度の経年変化

図 3.5 は大阪湾における赤潮の発生数の経年変化を示す．1976～1975 年と年間約 50 件もの赤潮の発生を数えたが，後述する総量規制の効果もあって，1985 年以降，20～30 件程度で推移している．富栄養化対策は十分とはいえない状況にある．

図 3.6 は底層 DO 飽和度の 1950～1992 年の年平均，そして湾奥海域 8 月の経年変化を示す．年平均値で見てみると，西部海域では戦後直後の 90 % 以上から近年では約 80 %，湾奥海域においては戦前の 80 % 強から近年では約 60 %，ともにやや減少傾向にある．しかしながら，近年では横這い状態が続いている．つぎに湾奥水域の 8 月の変動を見ると，近年はほぼ毎年のように 20 % 以下の値が観測されており，とくに 1970 年代以降に顕著である．着目したいのは，1950 年に底層 DO 飽和度が 10 % という値が観測されていることである．戦争直後のこの当時から既に貧酸素水塊が発生していたことがうかがえる．

大阪湾では 1972 年度から溶存酸素が継続して測定されている．その結果によると，1970 年代前半には湾奥部の海域で底層水の無酸素状態がしばしば出現しており，1975 年前後に最悪の状態にあったといわれている．成層の形成が顕著となる夏季を中心にして年間 100 日を越える日数において貧酸素水塊が発生しており，底生魚介類や底生生物の生息に影響を及ぼしている．東京湾においては毎年 9 月頃に北東風に惹起されて発生する青潮は，底層の貧酸素水塊の湧昇現象であり，大阪湾では生起しないから害がないというわけではない．大阪湾の湾奥部は直立護岸で包囲されているのに対して東京湾の海底勾配が緩やかであり，自然現象の力で海表面まで持ち上げられるから陸域の人間の目にとまるだけである．大阪湾では湾奥で埋め立て地のまだ奥にある緩勾配の「御前浜」で青潮の発生がしばしば観測されている．大阪湾において特記しておくべき貧酸素水塊の課題は，埋め立てのためにかつて浚渫された泉南沖海底の窪地がそのまま放置されており，そこが貧酸素水塊の供給源になっていることである．

3-4 大阪湾における水質総量規制の実施と水質変化

1972 年に播磨灘に発生した大規模な赤潮により魚類養殖を絶滅する事態が生じた．このことを契機に，瀬戸内海の環境保全対策が強く要請され，汚濁負荷量の削減，埋め立て免許の規制などを盛り込んだ「瀬戸内海環境保全臨時措置法」が 1973 年に制定された．1978 年に措置法は改正され，COD の総量規制，リンの削減指導を取り入れて「瀬戸内海環境保全特別措置法」として恒久法となった．しかしながら，富栄養化の直接要因となる窒素やリンに関しては産業界からの強い反発があり，開始時点では COD のみが総量規制の対象となった．この法律に基づき，1979 年を基準年度として，その後 5 年ごとの目標を決めた削減指導が実施された．第 6 次総量規制から富栄養化対策として窒素・リンの規制もようやく始まっている．

大阪大学では，大阪湾における総量規制が大阪湾の水質にいかなる影響を及ぼすかを科学的に評価するために，3 次元流動・水質・底質予想モデルを構築し，1920 年から 2000 年に亘る大阪湾の水質を予測し，検討した．その内容は土木学会論文集（中辻ら，2003）を参照願いたいが．その概要を示したのが図 3.7 である．大阪湾岸域の社会環境の変化は埋め立てなどによる地形変化とともに人口の増加や産業の発展をもたらし，大量の汚濁物質を湾内水質に負荷することになる．城（1955）は排出

源として生活廃水，産業廃水，家畜廃水，農業廃水を考え，各排出源別に単位法からCOD，リン，窒素の負荷量を求めた．図中の太い実線はCODの負荷量の推算値である．戦後の経済復興とともに陸域から大阪湾へ流入する汚濁負荷量は1970年まで急増加して，その後は1990年頃まで緩やかに減少しているのがよくわかる．点線はCODの総量規制の下で実際に負荷された値である．総量規制は工場，下水処理場や畑地から流出する有機汚濁物質の総量について政府が削減目標値を定めて，府県が排水規制を行うものである．したがって，両者の差（つまり，図中の実線と破線との差）が総量規制によるCODの実質的な削減量である．負荷される推算値の約50%が制御されていることを示している．一方，図中の菱形記号（◆）は湾奥部に位置する西宮防波堤前面で大阪湾水試による定点調査の観測値を示している。総量規制下で観測されたCOD濃度値は時間の経過とともに減少するが，その減少率は負荷量の削減率よりも相当少ない傾向にあることがわかる．この1枚の図だけで総量規制の効果を結論づけることはできない．種々の境界条件を想定した数値シミュレーションを実施し，総合的に評価することにより，大阪湾の水質構造を明らかにできる．得られた興味深い結果を示せば，以下のようである．

① CODの負荷量を最大時の40%に削減しても水質の改善は13%程度である．大阪湾は富栄養化が進んでおり，CODの削減だけでは水質改善の効果を期待できない．

② CODに加えて窒素とリンも削減の対象とした第5次総量規制（2000〜2010）の環境影響事前評価から水質・底質ともに改善効率がよく，富栄養化対策の重要性が理解できる．

③ 大阪湾の水質および底質は2010年までの負荷量の削減政策により改善されるものの，大阪湾の水質は依然として悪い状態である．大阪湾と瀬戸内海を分離して，大阪湾では負荷削減，瀬戸内海では水質保全対策を遂行しようとする今の対応策は妥当であると思われる．

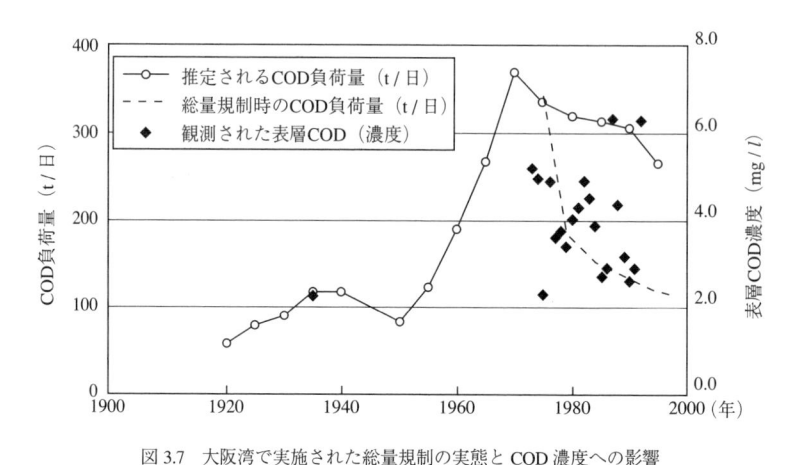

図 3.7　大阪湾で実施された総量規制の実態とCOD濃度への影響

3-5　おわりに

わが国の急激な経済成長と湾岸海域での水質汚濁の加速的な進行，そしてその対策で政府が採用した総量規制政策の効果は科学的に興味がある．加えて総量規制がCOD，リン，窒素を対象に実施さ

れたのではなく，リンに関しては制限指導，窒素に関しては削減対象としないという，説明がつかない状況から始まっていることに対して適切な環境アセスメントあるいは環境影響事後許諾がなされていないのは不可思議である．本総量規制は栄養塩を人為的に放流する壮大な現地実験である．高精度の現地観測のモデリングとしては最高の機会であったのに残念である．

(中辻啓二)

Q&A

Q1　栄養塩指標として相変らず COD が用いられているが，なにか理由があるのでしょうか？

第5章において示したように COD や BOD という指標は，水中の有機物の量を正確に評価しているとは言い難いのです．その理由は難分解性有機物も検出する傾向にあるからだと言われています．しかし，ある水域に限定した場合には現在と過去の値を比較するには COD は重宝であり，いまなおモニタリングなどにつかわれています．

Q2　大阪湾の水質は総量規制の導入によりきれいになったと言われていますが，本当ですか？

大阪湾における水質 COD は，水質総量規制によって改善された海域でしたが，COD の環境基準の達成率は満足できる状況になく，また富栄養化の防止を図るため，内部生産の原因物質である総リンや総窒素が付け加えられました．その結果，大阪湾を除く瀬戸内海では総リンや総窒素に関しては2009年を目標とする第6次総量規制では水質は現状維持を，大規模な貧酸素水塊が発生している東京湾，伊勢湾および大阪湾では引き続き汚濁負荷量の削減を図ることになっています．きれいになっていることは事実ですが，その状態を維持するたには相当の努力が必要です．

文　献

藤原建紀・肥後竹彦・高杉由夫 (1994)：大阪湾恒流と潮流・渦，土木学会海岸工学論文集，36，pp.209-213．
国土交通省近畿地方整備局 (2003)：大阪湾環境図説
中辻啓二 (1994)：大阪湾における残差流系と物質輸送，水工学シリーズ 94-A-9, pp.1-28．
中辻啓二・藤原建紀 (1995)：大阪湾におけるエスチュアリー循環機構，土木学会海岸工学論文集，42，pp.396-400．
中辻啓二・韓銅珍・山根伸之 (2003)：大阪湾における汚濁負荷量の総量規制施策が水質保全に与えた効果の科学的評価，土木学会論文集．No.74/ VII28, 69-87．
城　久 (1989)：大阪湾における富栄養化の構造と富栄養化が漁業生産に及ぼす影響について，大阪府水産試験場報告，7，pp.28-38．
山根伸之・寺口貴康・中辻啓二・村岡浩爾 (1996)：浅海定線調査データに基づく大阪湾の水質・密度構造の季節変化，土木学会海岸工学論文集，43，pp.331-335．
山根伸之・寺口貴康・中辻啓二・村岡浩爾 (1997)：長期観測データのクラスター分析による大阪湾の水質分布特性，土木学会海岸工学論文集，44，pp.1106-1110．

第4章

大阪湾の流れを見る，観る，視る，診る

「行く川の水は絶えずして元の水に有らず」鴨長明の言葉である．時々刻々変動する水の動きを目で見るように表現するのは本当に難しい．空間的な変動も加えるとなおさらである．本章では，大阪湾の流れを，その流れがもたらす物質の移動や拡散過程を誰にでもわかるように，専門家の使う自然科学的な変換（数式や難解な矢印表現）を可能な限り使わない方法で描くように努めた．セミナーでは鮮やかな色彩で，必要に応じてアニメーションの動画を用いた．本章は白黒の表示であり，どこまで理解してもらえるか，心もとない．

4-1 大阪湾で見られる流動特性

大阪湾では春から夏にかけて，太陽の加熱により上層の水温が高くなる．換言すれば上層水は軽くなる．夏の海では日射のエネルギーは海面近くの数メートル層で吸収される．つまり，重い海水の上に軽い上層水が層状に積み重なる躍層構造となっている．その状態を成層と呼ぶ．梅雨や台風時には海に大量に供給される河川水は軽く，成層を助長する．成層が強化されると，鉛直方向の流れや混合は抑制される．その結果，上層の温度がますます上昇する．一方，冬季の冷却期には，海表層が冷却されると，上層水の温度が下がる．水は重くなる．重くなった海水は沈んでいき，同じ密度の層に到達するまで沈降する．この沈降する水塊を補償するように上昇流が生じるという非常に複雑な挙動を示す．密度差により一旦成層が発達すると，上層と下層では異なった流れの特性をもつ傾圧モードになる．例えば，上層と下層では逆向きの流れが生じる．成層が崩壊すると，等密度面と等圧力面とが平行になる順圧モードなり，上層と下層で同じ性質をもつようになる．つまり，密度の違いによって生じる成層効果が水理現象に支配的な役割を果たす水域がエスチュアリーである．

4-2 大阪湾を東西に分断する潮汐フロント

図4.1は飛行機に搭載したMSSにより撮影された水表面の水温分布を示す．夏期には,大阪湾東部は河川水の流入や海表面加熱により成層状態，西部は海峡からの強い潮流と乱れにより強混合状態にある．成層化した水塊と鉛直混合した水塊とが相接する境界に発達するのが潮汐フロントである．それは大気で観られる梅雨前線や寒冷前線と同じ物理構造である．潮汐フロントは20 m海深に沿って大阪湾を南北に縦断するように帯状に拡がっている．その幅は時には数kmにもなる．横断方向（ここでは東西方向に）の水面の色が変わり，また浮遊物が集まって南北方向に列をなしているから，フ

ロントは船からでも容易に観察できる．両海域から収斂してきた表層水はフロントを挟んで沈降する．それゆえ，潮汐フロントは格好の漁場ともなっている．図4-2は潮汐フロントを横断する水表面で測定された温度，塩分と密度差を示す．それらは4.4 km幅である．その値は不連続に変化しており，その差はそれぞれ1.5℃，3 psu，3.5 σtである．その値は驚くばかりに大きい．

物質の移動と拡散を調べるために，粒子追跡による可視化実験を行った．質量をもたない仮想的な

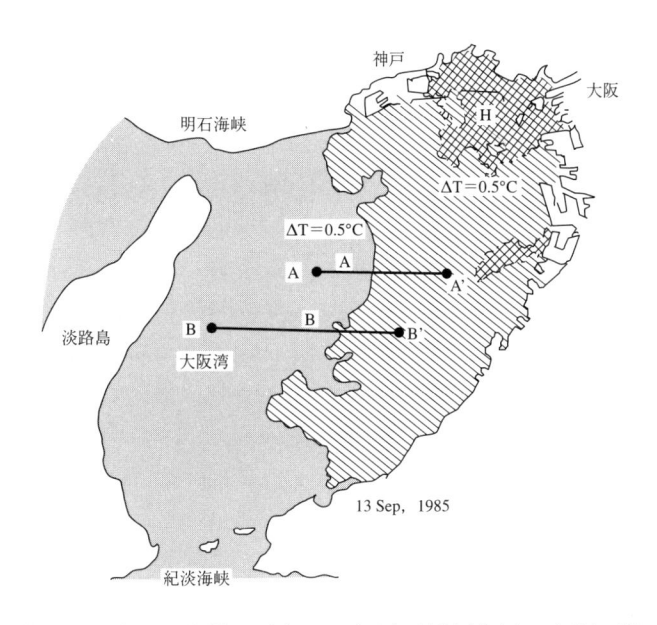

図4.1 飛行機に搭載したMSSを用いて撮影した水表面の温度分布（大阪湾を南北に分断する潮目の広がりが見える）（上嶋ら，1998）

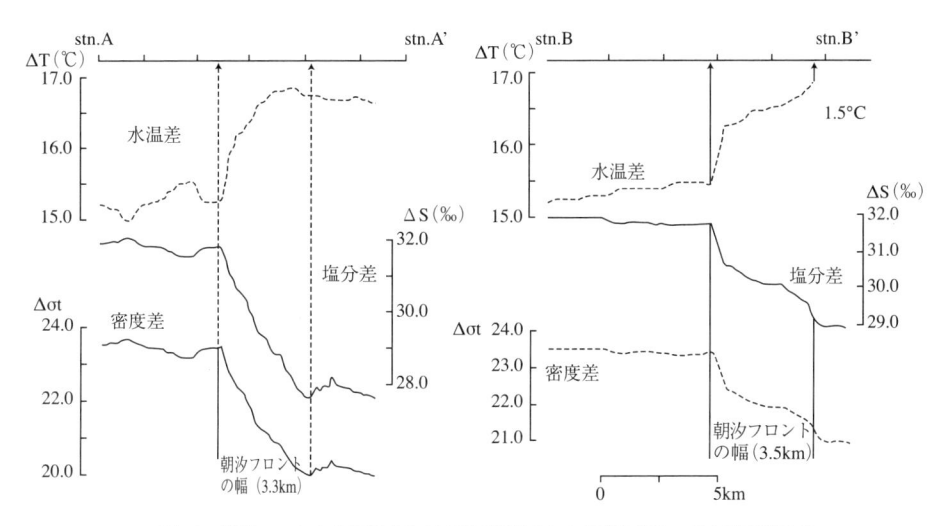

図4.2 潮汐フロントを横断する水表面で測定された温度と塩分，および密度分布
(Yanagi & Yakahashi, 1988)

粒子を想定する．一定時間ステップ当たりの粒子の移動距離はある位置での時々刻々変動する流速と拡散係数が予めわかっておれば，容易に計算することができる．図4.3は大阪湾・湾奥部の水深1m層および9m層の位置に粒子を配置し，2潮汐間にわたって粒子追跡を行った結果である．湾奥の図中の○は粒子の初期位置を，●は水深1m層，■は9m層に位置する粒子の流跡を表している．大阪湾の湾奥部では河川からの淡水流入と水表面の熱収支により複雑な密度流現象を呈しており，流動は三次元的に変化する．湾奥の北東部に位置する粒子は密度流の影響を受けて上・下層で異なる流跡をたどる傾向にある．とくに淀川河口付近の上層の粒子は神戸沖に向かって運ばれているのがわかる．一方，明石，泉南を結ぶ水深20mライン上に配置されている粒子は上・下層とも明石海峡から発達した強い循環流に取り込まれ，潮汐フロントに沿って2潮汐間に10km以上も輸送されている．この傾向は図4.4に示す樋端ら（1991）による湾奥部での現地観測結果とよく一致する．

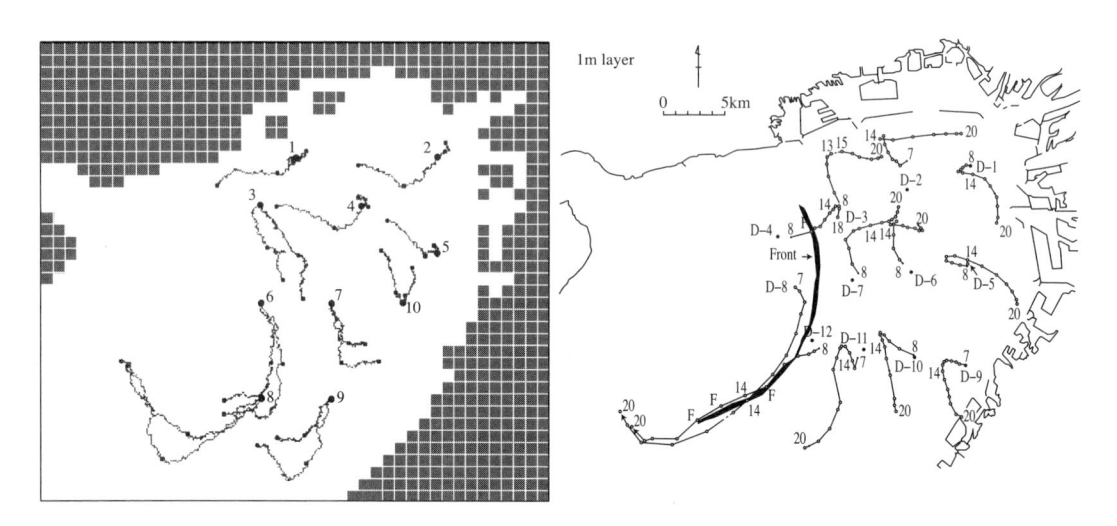

図4.3 大阪湾湾奥部の水深1m，および9mから放流された粒子の流跡線（三次元バロクリニック流れの数値計算）

図4.4 大阪湾湾奥停滞性水域で実施された浮漂の追跡結果（樋端ら；1991）

4-3 大阪湾で観られる大規模な渦

図4.5（カラー図）は1987年12月23日に人工衛星M-1がとらえた海表面の濁りの分布を示す．撮影した時の潮流は明石海峡で西向き最大，紀淡海峡で北向き最大になった時である．明石海峡の東西方向水位差によって生起された流れは，噴流のような勢いで大阪湾に流入する．海峡の南西部に向かうキノコ雲状に見える水塊は濁水によって可視化された明瞭な渦構造示している．それは相互に逆向きの循環をもつ移動型渦対の形成である．渦対は剥離点で生起した渦を運ぶ役割を果たす．もう一つ興味ある点は，播磨灘系の水塊（白濁色）と河川流量の大きい湾奥部の水塊（純黒色）との境界が明瞭に現れていることである．これは図4.1で示した「潮目」に相当すると考えられる．

4-4　大阪湾を流動する淀川洪水流の動態

　洪水時の淀川洪水の広がりはどのような様相であろうか．図4.6（カラー図）は枚方水位観測所で流量6270 m³/sを記録した後6時間20分後にNOAAが捕えた大阪湾の海面水温分布である．洪水時は降雨か，曇りの天候で雲が多い．衛星画像で洪水流出をとらえた非常に稀な写真である．得られた情報は海表面での相対的な温度分布であり，赤・黄・緑・青に変わるにしたがって，海表面の水温は相対値に低くなっている．後述するように，平常流量時の淀川河川水は南下することが知られている．しかし，淀川河川水は洪水時には神戸沖を通過して，淡路島に沿って拡がることを同図は示している．水平1 km，鉛直7層位の3次元数値実験（Nakatsuji *et.al*, 1994）によれば，成層状態で拡がる河川水のスケールがロスビー変形半径より大きくなると，沖合いへの拡がりが抑制され，北半球では右岸側に沿ってcoastal jetを形成しながら流動することがわかった．大阪湾での変形半径は約10 kmである．成層しているとはいえ，大阪湾規模の流体運動に対しても，地球自転の影響が及んでいるというのは信じ難い．淀川洪水流に対してこのような密度流的特性が持続するか否かは，潮流との大小関係によって決まる．海表面上を広く拡散した後の河川水の挙動は，密度流的特性を消失し，潮流によって運ばれる．

4-5　大阪湾の流動を測る；眼に見えない渦を計測する！

1) 残差流系とは

　沿岸海域では，周期数秒，波長数mの風波から，半日周期・1日周期の陸風・海風や潮流，季節変動あるいは大洋の黒潮などの影響を受けた経年変動まで種々の周期をもった流動が階層構造をもって存在している．その中でエネルギーの大きな流動は月と太陽の起潮力による海面の昇降運動，そして，その海面勾配によって引き起こされる海水の往復運動を示す潮流である．潮流は半日周期（12時間25分）あるいは日周期（24時間50分）成分の卓越した周期で往復運動をしている．海浜にたたずんで海面を眺めていると，潮が満ち，そして，引いていくのが見える．漂流物の動きを追いかけると，半周期の間は例えば北向きの流れで運ばれるならば，残りの半周期期間は南向きに運ばれる．物質は，潮流より時間・空間スケールの小さな乱れ（例えば風波）によって拡散しながら，潮流の往復運動によって運ばれる．したがって，沿岸海域の物質の輸送には潮流が支配的な流れであると思われがちである．しかし，そうではない．往復運動をしている場合には，漂流物は1周期後には元の位置，あるいはその周辺に戻ってくるはずである．数日経っても，数ヶ月経っても，漂流物は元の位置周辺に漂っている筈である．ところが，実際はそうではない．それらはいつのまにかどこかに運ばれ，元の位置付近では見つけられなくなる．漂流物は図4.7に示されるように，元の位置から1周期後に別の位置に運ばれたということに

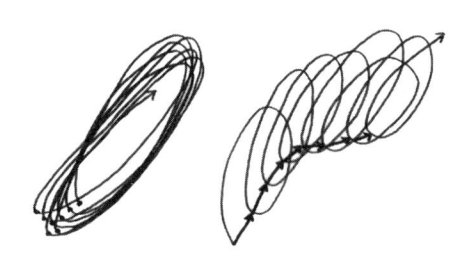

図4.7　潮流の周期運動と残差による一周期ごとの粒子の移動軌跡

なる．この輸送に関与する流れを残差流と呼ぶ．流れの変動成分を1潮汐周期で積分した場合の残りの定常流成分として定義される．従来，潮流の時系列を調和分解したときの平均流成分に相当することから，恒流と呼ばれていた．恒流が対象とした周期ごとに異なるのは奇異であることから，今では潮流成分（あるいは，周期成分）を除去したという意味で，残差流と呼ばれる．したがって，潮流周期以上の時間にわたって物質の輸送過程を考える場合には，残差流が物質の輸送を分担し，潮流周期より短い変動全てが乱流拡散として輸送に関わることになる．

2) 沖ノ瀬環流

近年の沿岸海域研究に多大な貢献を果たしたのは ADCP による3次元方向流速の現地観測とそれ

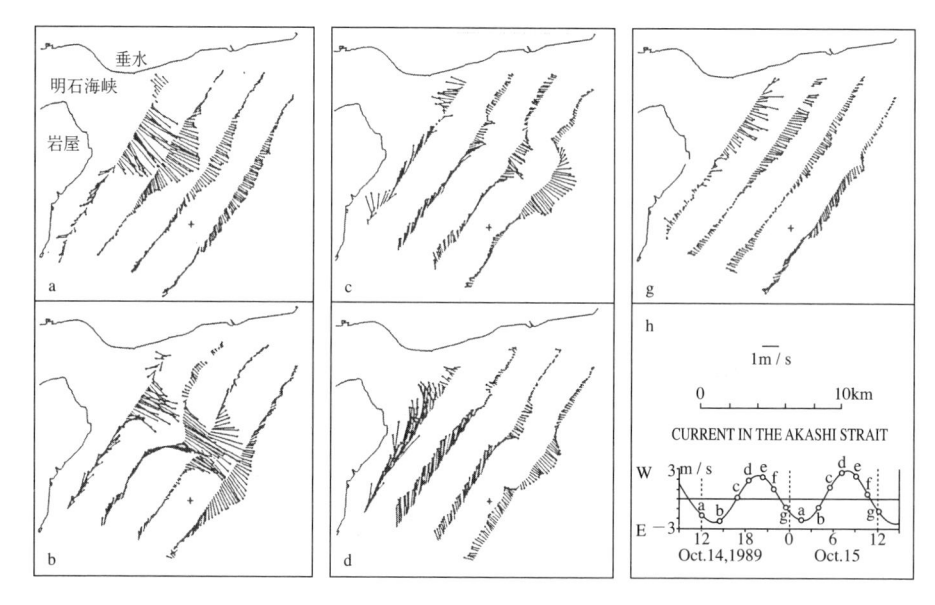

図4.8 4台の ADCP4 を用いて48時間連続観測された明石海峡周辺の流動分布
（大阪湾へは噴流状に流入すること，また両縁には渦対の発達が観られる）

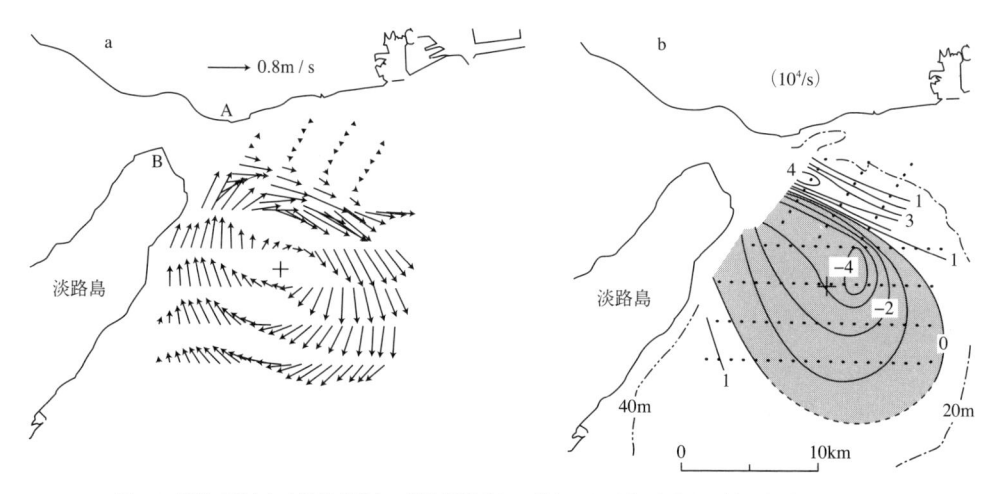

図4.9 観測で得られた流速変動を1潮汐間積分して得られた (a) 残差流・(b) 残差渦度の水平分布

らの数値シミュレーションであったことは周知のことである．とりわけ，明石海峡の大阪湾側海域で4艘の観測船に搭載したADCPを同時に48時間連続・往復させた観測（Fujiwara et al., 1997）は従来型の一点係留観測とは比較にならないデータを提供することを可能にした．図4.8は連続観測で得た流速分布の一例を示す．明石海峡から大阪湾に流入する潮流はジェット状に流入し，大阪湾で拡がる様相を把握できる．同図のような平面流速分布が任意の水深で得られるのかADCPの利点である．

この流速変動を一潮汐周期間積分して得られたのが図4.9である．実測で得られた世界で初めての残差流である．見事な明瞭な循環を形成しているのがわかる．この循環流は水深方向に変化しない，鉛直方向に一様であることから，その生成機構は明石海峡の地形と潮流の非線型作用であると推量できる．この循環流は大潮時に発達し，時には潮流成分の最大値に匹敵する流速に達する場合もある．環流の中心部には運ばれてきた土砂が集積して沈降・堆積し，小山を海底に形成していることから，浅瀬の名前をつけて沖ノ瀬環流と称されている．

図4.10左（カラー図）は海洋レーダで計測された表層流速の平面分布を示す（中辻ら，2000）．HFあるいはVHFレーダでは時間・空間の内挿が複雑となり，不確実な平均値を1時間ごとに得るという欠点があり，実用に耐えられなかった．電力中央研究所が考案したDBFレーダでは15分ごとの計測が可能となり，計測精度が向上した．図4.10右は30潮汐間積分して得られた残差流の分布，さらに図4.11は3次元数値実験（中辻・藤原，1995）で得られた残差流分布を比較のために掲載した．沖ノ瀬環流の位置ならびに環流の規模や強度はいずれの場合もよく合致していると判断できる．

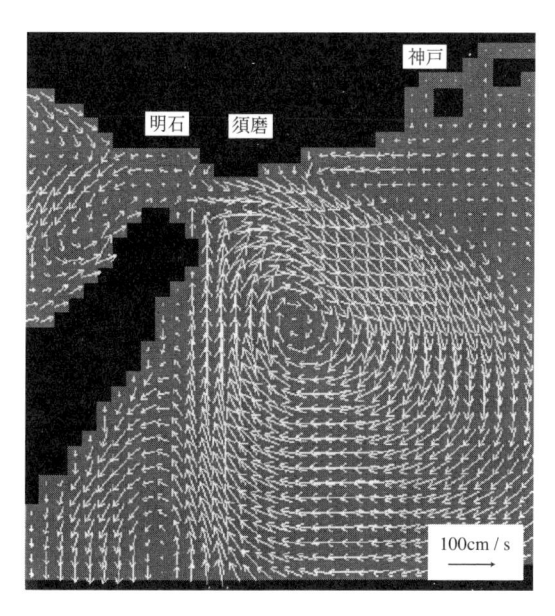

図4.11　3次元数値計算によって得られた残差流系

3）西宮沖環流の生成機構とエスチュアリー循環

図4.12はADCPを用いて計測した淀川河口周辺の残差流の水平分布を示す．水深1mでは残差流系には系統だった傾向は見られない．しかし，3m水深では淀川河口の前面を横切る0.3m/s程度の循環流の存在を確認することができる．さらに8m水深では流速の値は小さくなるものの，その傾向

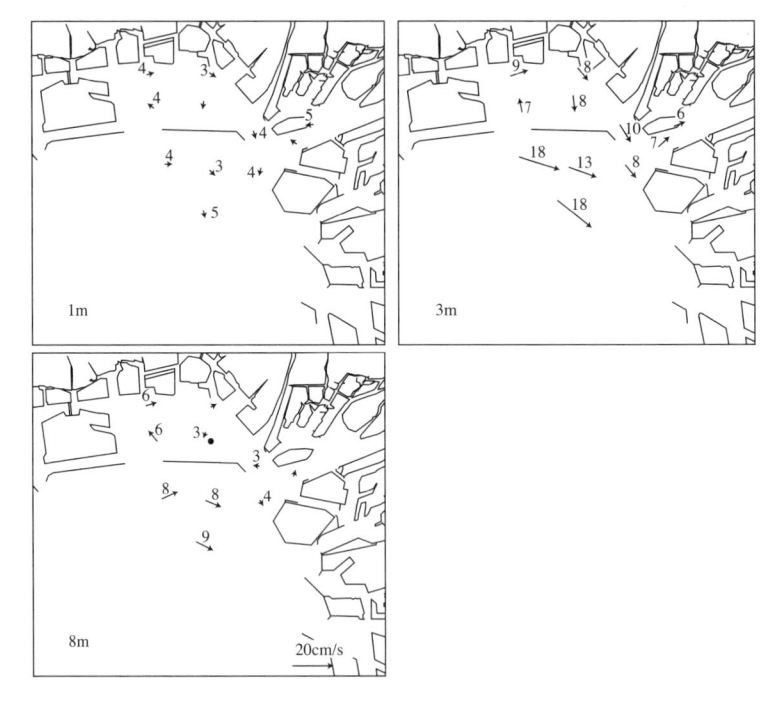

図4.12　ADCPを用いて計測した大阪湾湾奥での残差流ベクトルの水深別水平分布

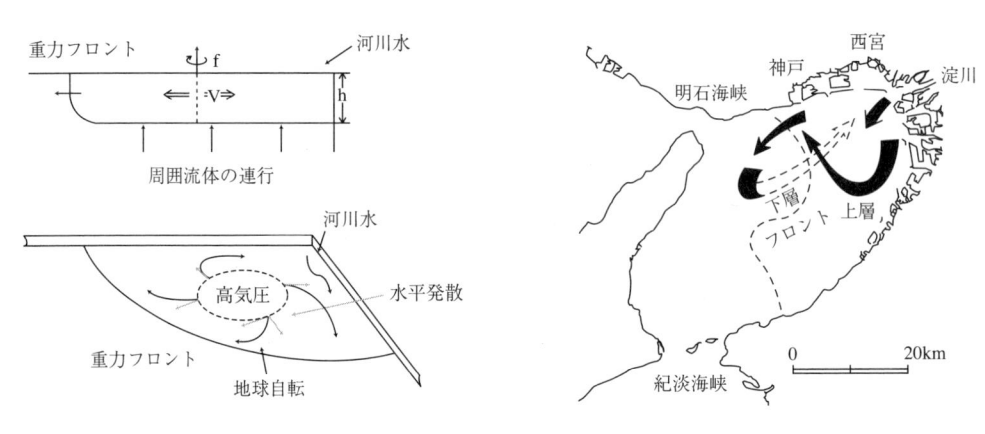

図4.13　湾奥部を鉛直方向に2層位に分けた河川ボックスモデル　　　図4.14　粒子追跡から得られた流れの模式図

は認められる．淀川河口を横切るような流れがなぜ生じるのか，これが西宮沖環流に興味をもった始まりである．

　流体力学に基づく説明は専門的になり過ぎるので，模式図（図4.13，図4.14）を用いて概要だけを記述する．第3章3-2で述べたように大阪湾はエスチュアリーであり，その供給源は河川から流入する陸水である．流入した河川水は低塩で海水よりも軽いため，海表放射状に拡がっていく．その過程で，上層水は下層水を取り込む（換言すれば，連行する）．一方，下層水は上層に取り込まれるので，

図 4.5 気象衛星 MOS-1 が撮影した明石海峡西流最強時の渦対（渦対と湾奥部の間に明瞭な潮汐フロントが観られる）

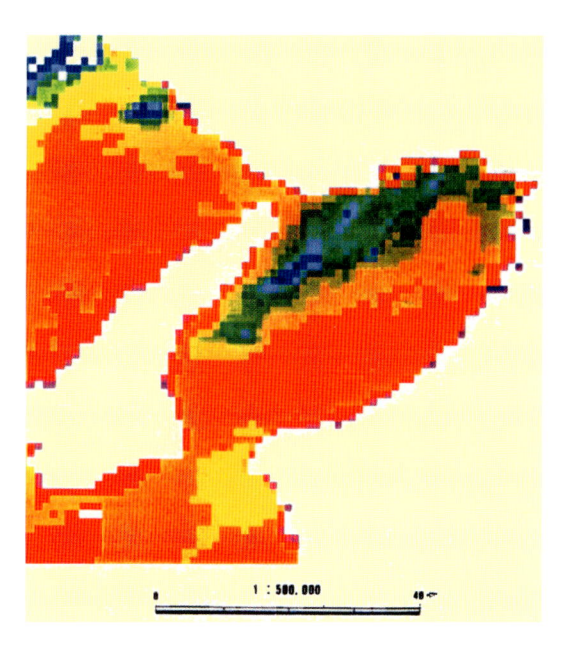

図 4.6 気象衛星 NOAA がとらえた淀川洪水流の広がり（淀川河川水は地球回転の影響を受けて，幅 10km 平均流速約 0.3 m/s で神戸市を進む）

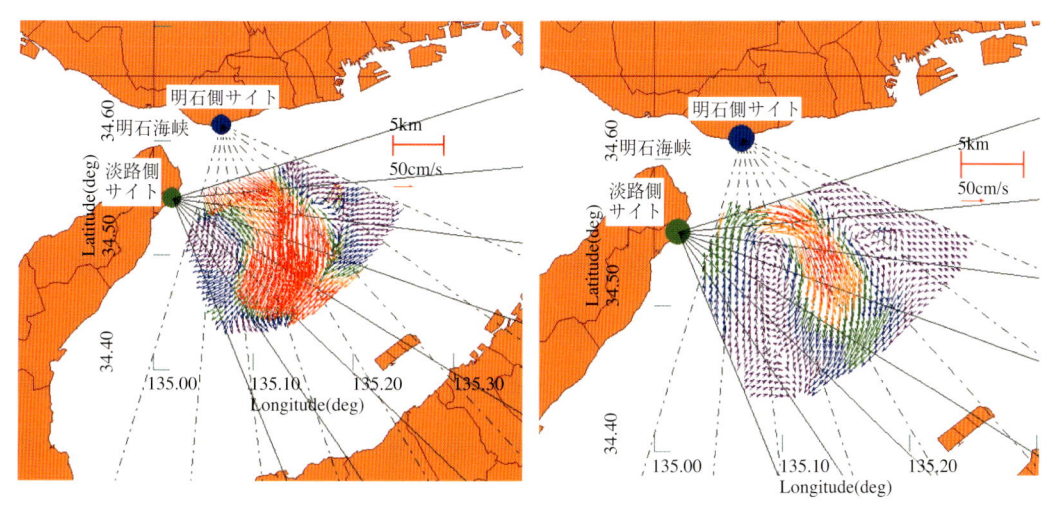

図 4.10 DBF 海洋レーダにより観測された表層流速の残差流

それを補う形で河口へ向かう流れが下層に生じる．つまり，「下層から流入した海水は，上層へ連行されて，上層から流出する」鉛直循環流が形成される．この循環はエスチュアリー循環と呼ばれ，古くから知られている河口密度流特有の現象である．

エスチュアリー循環によって下層水は湧昇して上層と混ざり，上層で水平発散する．この水平発散（放射状に広がる流れ）は，地球自転効果により高気圧性の時計廻りの循環を起こす．力学的には，圧力勾配による力とコリオリ力とが釣り合った流れである．この流れは等圧力線に平行に，高圧部を右手に見る方向に沿って流れる．つまり準地衡流である．エスチュアリー鉛直循環が高気圧性時計回りの水平循環を惹起するメカニズムが，中辻ら（1994）の3次元バロクリニック流れの数値実験，ならびに藤原ら（1994）の理論解析からわかった．大阪湾では高気圧性循環が西宮沖に現れることから，それは西宮沖環流と呼ばれる．台風時の目に流入する低気圧性の循環をイメージすれば，この仕組みは容易に理解できる．

4-6 数値模型による大阪湾内の流れの可視化

水理模型実験で染料を流して流動を可視化するように，数値模型実験でも粒子を流したときの3次元的な振る舞いの時間変化をアニメーションで見ることができる．淀川河口から1万個の粒子群を放流して，それらの挙動を追跡する数値実験の結果を示す．粒子群の挙動をもとに粒子の循環機構を模式的に示したのが図4.15である．時々刻々3次元的に移動する粒子群の動きを紙面上で3次元的に描写するのは難しい．そこで，粒子の位置を水平分布（上図）と鉛直分布（下図）とに分けてプロットした．鉛直方向の分布は東西方向の鉛直断面に全ての粒子を正射影させて示した．粒子の軌跡を見ることはできないが，3次元的挙動は把握できる（詳細は中辻ら（2000）を参照のこと）．

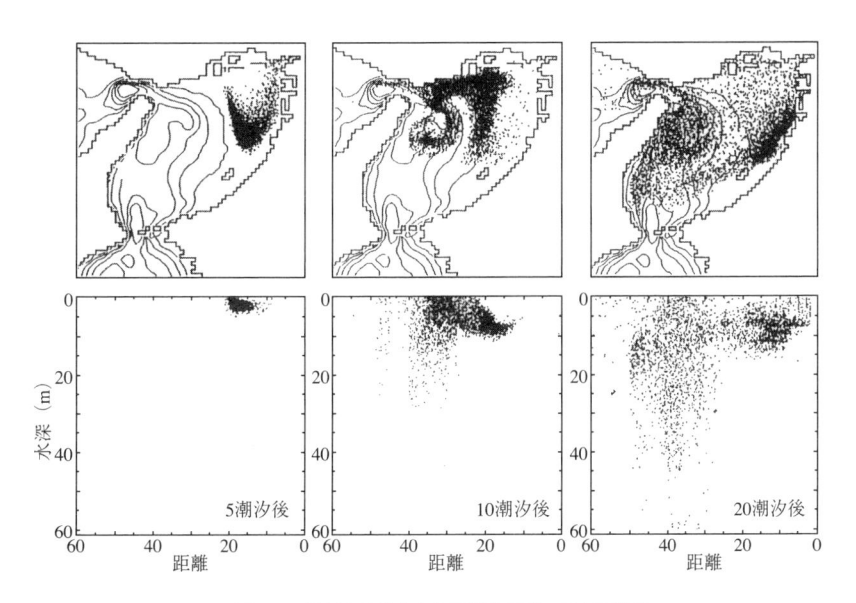

図 4.15　淀川から放流した懸濁粒子群の三次元挙動
（上図は懸濁粒子群の水平方向，分布；下図は東西方向断面に正射影した粒子群の鉛直方向分布を示す）

淀川からの河川水は西宮沖環流に運ばれて，先ず南に向かい，約8日間東部海域の上層を時計廻りに運ばれる．この間には鉛直方向の拡散はほとんどなく，粒子群は沈降しながら水表面を這うように薄く拡がる．その後，須磨沖で湾西部に入り，明石海峡からの強い潮流と出会う．その結果，鉛直方向に強く混合して，粒子群は大きく拡散する．10日後には淡路島の海岸沿いに南下する粒子群と，東部海域の成層化した境界面の下層を湾奥に向かう粒子群とに分離する．後者は放流粒子の約30%に相当し，湾奥部で連行されて上層へと戻っていく．いわゆるエスチュアリー特有の鉛直循環が大阪湾でも生じていることが数値実験からわかった．この一巡には約20日の時間を必要としている．粒子の振る舞いから，高気圧性渦（＝西宮沖環流），潮汐残差流（＝沖ノ瀬環流），エスチュアリー循環，潮汐フロントなど残差流系が粒子の輸送に何らかの関与を果たしているのがわかる．

魚の稚仔や浮遊幼生が，浮遊水深を変えてエスチュアリー循環を水平移動の手段として使っていることが知られている．上層では湾中央に向かう流れ，下層では湾奥に向かう流れがある．下層にいれば自然に湾奥部に運ばれる．つまり，十数mの鉛直移動により，数十km規模の水平移動が可能となる．稚仔が遺伝子的にこのような流れを検知できる能力をもっていて大阪湾を巡回していることを想像すると魚類も賢く見えて面白い．

4-7　エスチュアリー循環を惹起する河川流入水

3次元バロクリニック流れモデルと低次生態系の一次生産を考慮した物質循環モデルを大阪湾に適用して，夏季に成層化した湾奥部上層の1潮汐当たりの流量収支を調べてみよう．大阪湾を湾奥部と西部海域とに分割し，また鉛直二層とに分離したボックス・モデルを想定する．

水深6mまでを上層とすれば，上層では，4,710 m^3/s の流出があり，河川と下層からそれぞれ500 m^3/s，4,340 m^3/s の流入がある．この比較から湾奥部上層への海水の供給は下層からの湧昇が主要な要因である．その値は河川流入水の8.8倍に相当する．湯浅ら（1993）が現地観測した流量・塩分収支から得た結果は，湾奥部上層への供給は河川から120 m^3/s，下層から4520 m^3/s であった．観測値と計算値とが驚くばかりに合致している．数値実験により得られた断面平均的な沸昇流速は0.113 m/sである．この値は湯浅ら（1993）の0.113 m/s，柳ら（1993）の2.6 m/s，ならびに藤原ら（1994）の理論値0.069 m/s とほぼ同様の値となっている．一潮汐平均すれば，下層から上層への輸送量がいかに多いかがわかる．

4-8　おわりに

ここ十数年のコンピューターの高速化，記憶容量の増大ならびに廉価が進み，数値実験が数多くの物理現象のシミュレーションに適用され始めた．時を同じくして，現地観測や水理実験の計測器の高性能化が信頼できるデータを提供しだしたこととも深く係わっている．環境研究はまさにその恩恵を被った分野であろう．ここでは，大阪湾や東京湾など閉鎖性内湾での観測事例を示そう．従来，アンデラー流速計を係留して一点の水平流速を測っていたのが，電磁流速計の開発で3方向流速成分が測れるようになった．さらに，ADCP（Acoustic Doppler Current Profiler）の出現で，3方向流速成分の鉛

直方向分布の計測が可能となった．一点に設置すれば，流速成分の鉛直分布の時系列が得られる．観測船に搭載して動き回れば，鉛直断面内の分布が得られる．鉛直分布を計測できるようになったのは画期的なことである．さらに，VHFやDBM海洋レーダ (ocean radar) により表層流を面的に測定することが可能となってきた．また，白版を放流して飛行機からその挙動を追跡する方法も，GPS (Global Positioning System) を用いて発信位置を記録できるようになったし，リモートセンシング技術も格段の進歩を遂げた．これらの計測器の進歩が数値シミュレーションの高精度化を要求し，それに応えることにより，数値実験がツールとしての価値を高めていったといえる．

Q&A

Q1 大阪湾の水質悪化に対して，流れの変化が及ぼす程度がどの位か知りたいです．

流れの変化を知ることによって水質や物質の輸送過程や分布はわかります．しかし，水質は生物・化学的要因によって変化するので，流れの変化だけでは水質の変化は予想できません．

Q2 大阪湾の開発の最終形に対して何をすれば良いのか？ そのためには，何が必要なのか？

非常に難しい質問です．「何をすれば良いのか？」を逆さにして，何をすれば大阪湾の水質汚濁が加速されるのかを調べる方が回答を得られる可能性が高いかも知れません．その特異な点が海峡であり，大河川の河口部であるという認識で始まったのが中工試の水理実験であったと私は位置づけています．

「何が必要なのか？」に対する回答は簡単です．モニタリングが必要です．現状の海象・気象がわからない状況で将来を予想し，現在の環境を監視せよという要求は土台無理なことです．個々の機関が個別にではなく協力し合って，科学的に価値のある観測データを蓄積することが必要です．

Q3 西宮沖環流が存在しない時には，大阪湾の貧酸素化はどのようになるのでしょうか？

閉鎖性水域の代表例として内湾・河口域と貯水池があります．両水域の違いは流れの有無です．西宮沖環流あるいはエスチュアリー循環がない状態は貯水池を想定すればよいことになります．両水域でも成層化した夏期には貧酸素化が進行します．内湾・河口域では貧酸素化した水塊は海底に沿って運ばれることから，貧酸素水塊は発生領域に固定されず，拡大することになるでしょう．

Q4 突堤を造った場合の淀川水の挙動が，数値計算の場合と水理模型実験の場合で，だいぶ違っていましたが，それが密度流やコリオリ力の影響なのでしょうか？ 数値計算でそれを考慮しなかった場合，実現象は水理模型実験と一致するのでしょうか？

水理模型と数値模型との大きな差異は，密度流効果とコリオリ力の影響を考慮できるかどうかにありますから，ご指摘のとおりだと思います．数値模型で両者を考慮しなかった場合の質問ですが，一般に計算の初期条件を設定するために先ず密度差を与えない順圧（バロトロピック）条件で計算を行います．そのときに沖ノ瀬環流の再現を確認することができます．その時点で数値模型と水理模型の検証が可能です．

> Q5 流況を大きくする（海水交換を促進する）構造物はどういう形状のものなのでしょうか．（実験ケースは何を根拠に選定されているのか）
>
> Q6 2パターンの流況の違い，変化点等は理解出来ましたが，大阪湾の問題点（？）である水の交換性が悪いという問題を改善できる様な大阪湾での他のモデル（案）などありますか？

友ヶ島水道の湾口地形を改変する工法（湾口断面を変化）や，大阪湾内の海底地形を櫛状に作澪する海底地形改変工法を検討しました．詳細については，下記の論文を参照して下さい．上嶋英機，山崎宗広，宝田盛康：大阪湾の環境創造のための流況制御，テクノオーシャン'96, pp.115-119, 1996.

> Q7 神戸空港や関空では，すでに順々と進んでいると思いますが，これによる流れの変化などの観測が行われているのでしょうか？ また，その結果はどうなっているのでしょうか？

プロジェクトの開始前に環境影響事前評価，いわゆる環境アセスメントの実施が義務付けられていることは周知のところです．モデルの精度を上げるためにも検証用の観測データが必要となりますので，現場においても事後影響評価の必要性を指摘してまいりました．事後評価を義務づけている法規制は当然必要でしょうが，プロジェクト完成後の流れの変化や生態系の変動を長期に亘って連続観測を実施することは重要です．

文　献

Ekman, V. W.（1905）：*Ark. Math. Astron. Pys.*, **2**, 1-53.
藤原建紀（1997）：淡水影響海域におけるエスチュアリー循環流と生物・物質輸送, 海と空, **73**, 1, 23-30.
藤原建紀・肥後竹彦・高杉由夫（1994）：大阪湾恒流と潮流・渦, 海岸工学論文集, **36**, 209-213.
藤原建紀・宇野奈津子・多田光男・中辻啓二・笠井亮秀・坂本亘（1997）：海洋から瀬戸内海に流入する窒素・リンの負荷量, 海岸工学論文集, **44**, 1061-1065.
室田　明（1986）：河川工学, 技報堂出版, 313pp.
Nakatsuji, K., K.Muraoka and A. Murota（1994）：The Yodo river plume spreading in Osaka, Japan, Journal of Hydroscience and Hydraulic Engineering, 27-45.
中辻啓二・末吉寿明・山根伸之・藤原建紀（1994）：三次元粒子追跡による流動構造の解明, 海岸工学論文集, **41**, 326-330.
中辻啓二（1997）：大阪湾における流れの可視化, 月刊「水」, 19-24.
中辻啓二（1994）：大阪湾における残差流系と物質輸送, 水工学シリーズ94-A-9, A-9-1-28, 199.
中辻啓二・尹鐘星・白井正興・村岡浩爾（1995）：東京湾における残差流系に関する三次元数値実験, 海岸工学論文集, **42**, 386-390.
中辻啓二・藤原建紀（1995）：大阪湾におけるエスチュアリー循環機構, 海岸工学論文集, **42**, 396-400.
中辻啓二（1996）：海洋：閉鎖性海域（環境数値流体力学講座2）, 数値流体力学, **4**, 306-332.
中辻啓二・西田修三・金漢九・山中亮一（2002）：紀淡海峡における残差流と物質輸送の現地観測, 海岸工学論文集, **49**, 1071-1075.
中辻啓二・韓銅珍・山根伸之（2003）：大阪湾における汚濁負荷量の総量規制施策が水質保全に与えた効果の科学的評価, 土木学会論文集 No.741/Ⅶ-28, 69-87.
Rossby, C. G. and R. B. Montgomery（1935）：The layer of frictional influence in wind and ocean current, *Phys. Oceanogr. Meteorol.*, **3**, 3, 1-101.
杉山陽一・藤原建紀・中辻啓二・水鳥雅文（1995）：伊勢湾北部海域の密度成層と残差流, 海岸工学論文集, **41**, 291-295.
竹内淳一・中地良樹・小久保友義（1997）：紀伊水道に進入する表層暖水と底層冷水, 海と空, **73**, 81-92.

樋端保夫ら（1991）：潮流制御による瀬戸内海環境保全技術に関する研究，中国工業技術試験所研究報告 8，48pp.
上嶋英機・田辺弘道・宝田盛康・山崎宗広（1998）：大阪湾で構想されている大規模埋立による流動環境変化に関する研究，海岸工学論文集，45，1016-1020.
上嶋英機・湯浅一郎・宝田盛康・橋本英資・山崎宗広・田辺弘道（1998）：大阪湾停滞性水域の流動と水質構造，34，海岸工学講演会論文集，661-665.
宇野木早苗（1993）：沿岸の海洋物理学，東海大学出版会，672.
山根伸之・寺口貴康・中辻啓二・村岡浩爾（1996）：浅海定線調査データに基づく大阪湾の水質・密度構造の季節変化，海岸工学論文集，43，331-335.
柳　哲雄・水野　裕・星加　章・谷本照己（1993）：ボックスモデル法による大阪湾の鉛直流速と粒子沈降速度の推定，沿岸海洋研究ノート，31，1，121-128.
Yanagi, T. and S. Takahashi（1988）：A tidal front influenced by river discharge. – Dyn. Atmos. Oceanogr., 12, 191-206.
湯浅一郎・上嶋英機・橋本英資・山崎宗広（1993）：大阪湾奥部の循環流とリンの循環，沿岸海洋研究ノート，31，1，93-107.

第5章

大阪湾の水質

本章では、大阪湾の水質の概況を示すとともに、有機物汚濁指標、富栄養化関連指標など水質を表す指標とその悪化の意味について解説する。また、水質が悪化する要因とそれぞれの要因間の関係を、環境連関図として示した。さらに、その中からいくつかの要因を取り上げ、それらが水質に影響を及ぼすメカニズムについてふれた。

5-1 閉鎖性内湾の宿命「山川海のつながり，全ての水は海に通ず」

水は、気圏・地圏・水圏を循環していることは周知の事実である。しかしながら、その水の循環に、人間の営みが深く関わっていることについては十分に認識されていないように思う。例えば、大阪湾に流れ込む河川流量は、約 430 m³/s である。1日1人当たりの利用水量を 400 l とし、大阪湾の集水流域圏の人口から単純に算出すると、われわれが利用した水が平均約 80 m³/s 排出されていることになる。すなわち、大阪湾に流入する河川流量の 1/5 は、生活の影響を受けた水なのである。

わが国の穀物（食用と飼料用を合わせたもの）の自給率は、27％に過ぎず、国内で消費する穀物の 73％を海外から輸入している。穀物を生産するためには大量の淡水が必要であり、穀物を輸入するということは穀物を生産するのに要した淡水を輸入しているとも捉えることができる。このように間接的に輸入されていると考えることができる水をヴァーチャルウォーターという。ヴァーチャルウォーター輸入量を、穀物5品目（とうもろこし、大豆、小麦、米、大・裸麦）、畜産物4品目（牛、豚、にわとり、牛乳および乳製品）、および工業製品について計算すると、総輸入量は 640 億 m³/年にもなる。これは日本国内で消費されている全水量（850 億 m³/年）の 76％、農業用水と工業用水（694 億 m³/年）の 92％に匹敵する大量の水資源を他国から輸入していることになる。さらに、輸入される穀物などは、後に議論の対象となる窒素やリンを含んでいる。すなわち、栄養塩も大量に輸入しているのである。このように、日本の都市域におけるわれわれの生活は、グローバルな物質の流入の基に成り立っているのである。それ故、世界各地から集積された栄養塩を含んだ水が、われわれの日常生活や経済活動から排出され、その一部が大阪湾に流れ込んでいるのである。これが大都市を擁する内湾・大阪湾の宿命となっている。

5-2 大阪湾の水質分布

大阪湾の水質は陸からの流入負荷に強く影響されるとともに、地形と流れによって特徴づけられている。流れは、前章で示されたように潮汐、風、流入河川水、空間的な密度の変化などが混在するこ

とによって形成されており，図5.1のように示される．概ね−20 m以浅の湾奥部が停滞性水域となっており，当該海域の水環境は深刻な問題を抱えている．

大阪湾では公的機関が行う継続的な調査に加え，埋め立てなどの事業にともなう事前調査，事後調査が実施され，その水質がモニタリングされている．大阪湾における主な調査の概要を表5.1，図5.2～5に示した．

大阪湾における夏季，冬季の水質分布（水温，塩分，透明度，酸素飽和度）を図5.5に示した．夏季には大阪湾全体で表層の水温が非常に高くなり，湾奥部では30℃を上回る．湾奥部では塩分が26psuと低く，透明度も1～2mと非常に低い．さらに，底層では酸素飽和度が10～20％にまで低下しており，貧酸素状態が広がる．冬季の水温は，表層・底層とも9℃まで低下する．河川水の流量が少ない時期ではあるが，湾奥部で表層の塩分はやはり23psuと低い．また，透明度は年間を通じて最

表5.1 湾内における代表的な環境調査

調査名称	調査項目・頻度	調査機関または集約機関
公共用水域水質測定調査	水質（年4回以上），底質（年2回以上）	地方自治体環境部局
浅海定線調査（特殊項目）	水質（一般項目：毎月，特殊項目：年4回）	大阪府立水産試験場
瀬戸内海総合水質測定調査	水質（年4回），底質（年1回）	国土交通省近畿地方整備局
大阪湾環境保全調査	毎月	第5管区海上保安本部

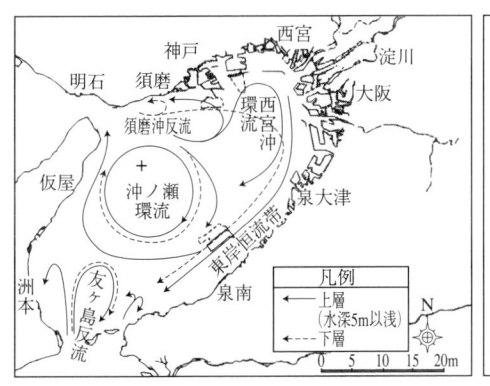

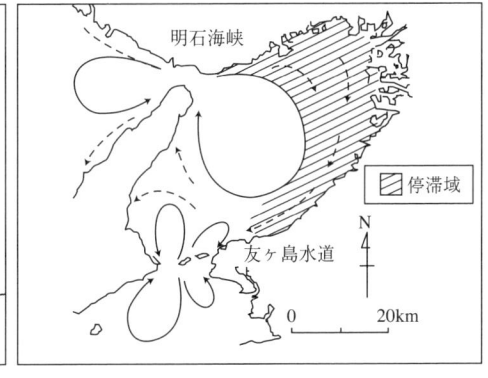

図5.1 大阪湾における潮汐残差流系（左図）とそれに関連した停滞域（右図）（出典：左図 上嶋ら（1998），右図 藤原ら（1994））

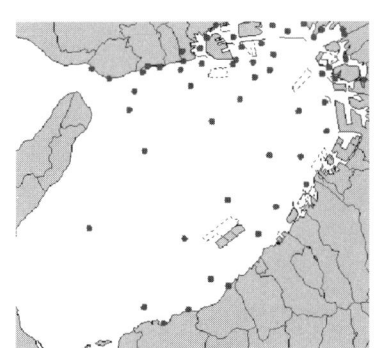

図5.2 公共用水域水質測定（海域）
（出典：国土交通省大阪湾環境データベース）

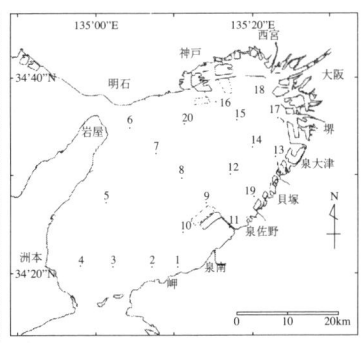

図5.3 浅海定線測定地点
（大阪府，2002）

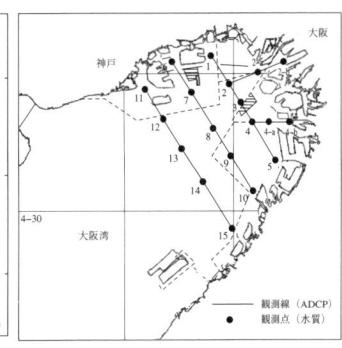

図5.4 流況・水質調査点
（出典：第5管区海上保安本部HPより）

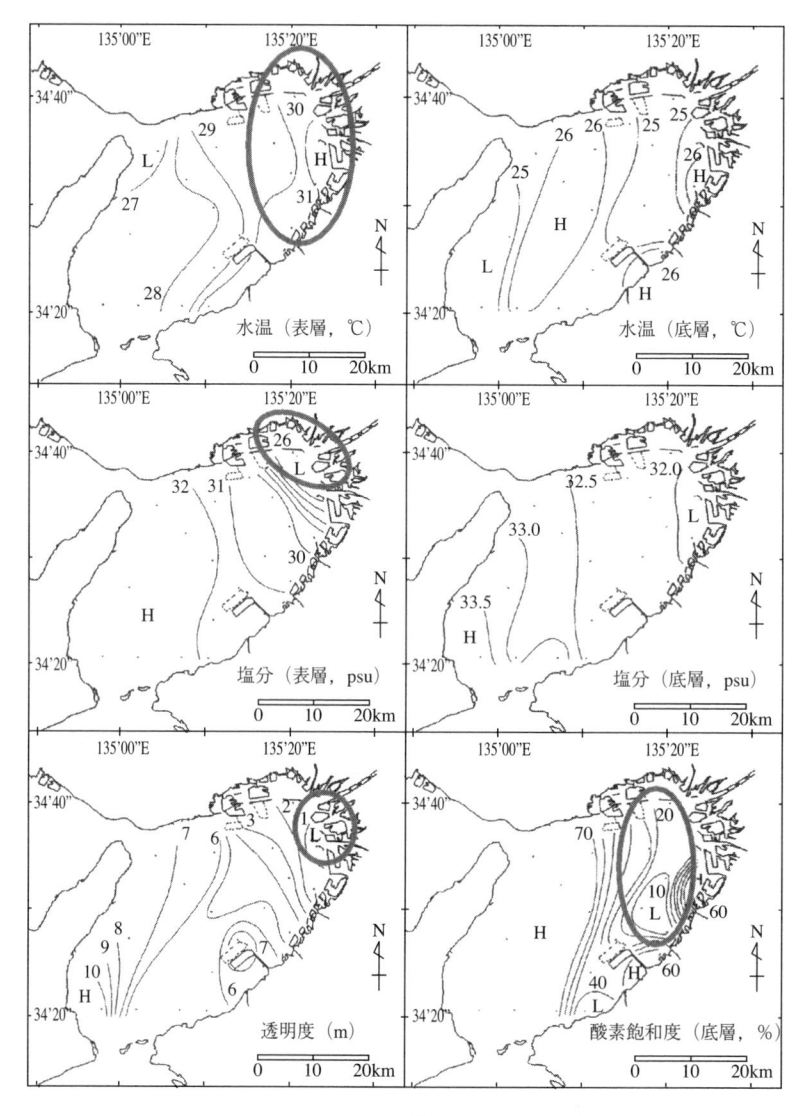

図 5.5 表底層で観測された水質の水平分布（2002 年 8 月）
（大阪府水産試験場，2002）

も高くなる時期であるが，湾奥部では 4 m と低い値となっている．

すでに 4 章で述べたように，大阪湾の水質を特徴づける大きな要因の一つとして「成層」がある．成層が形成されることにより，層間（表層と底層との間）の物質の混合が少なくなり，表層の溶存性物質は底層へと移動しにくくなる．すなわち，鉛直混合がしにくい状態となり，表層から底層へ溶存酸素が移動しにくくなり，底層で貧酸素化が生じる大きな原因の一つとなっている．

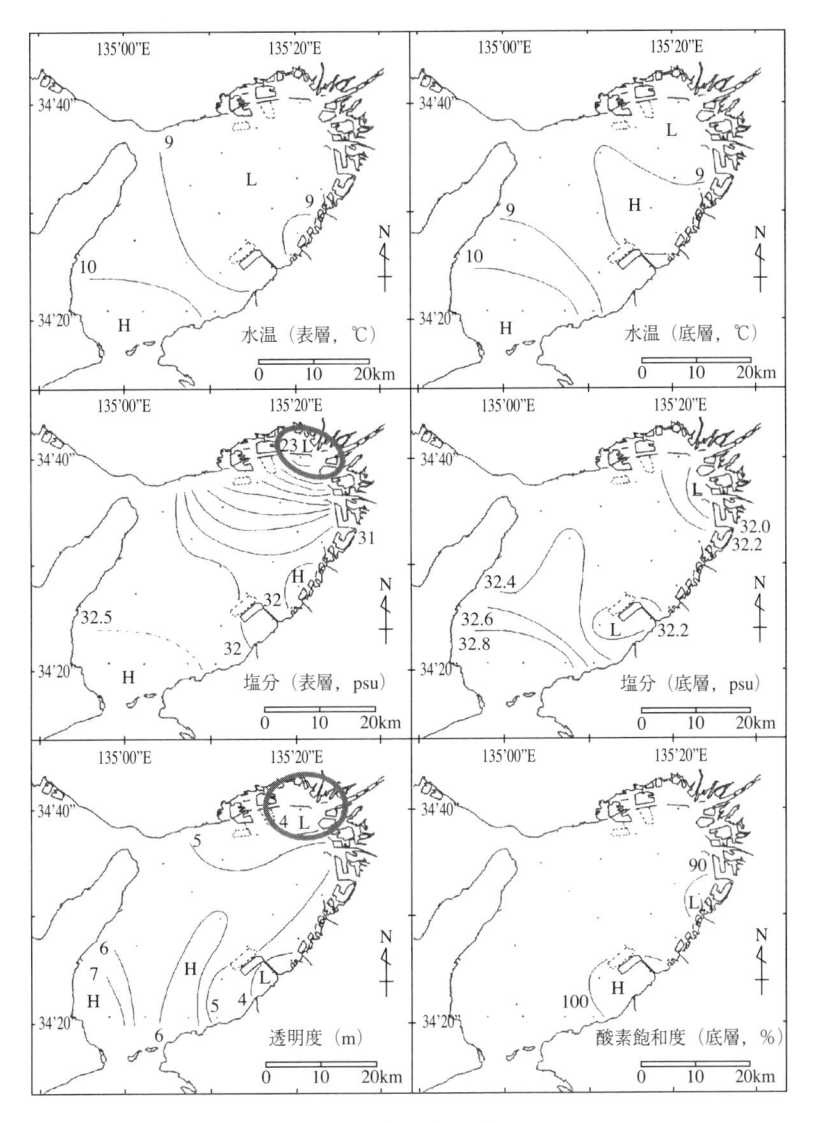

図 5.5（2002 年 2 月）

5-3　水環境を表す主要な指標項目とその意味

　水環境を表す項目として環境基準では，水素イオン濃度（pH），化学的酸素要求量（COD），溶存酸素量（DO），大腸菌群数，n-ヘキサン抽出物質（油分など），そして，全窒素，全リンがある．また，生物の生息場としての水環境を表す水産用水基準では，これらに加えて懸濁物質（SS）がある．主な項目が海域環境の中でどのような意味をもつのかを以下に整理した．

1）有機物汚濁指標

① DO（溶存酸素）

水中に溶存している酸素あるいは酸素量を溶存酸素（Dissolved Oxygen：DO）という．水中に生息する生物にとって，DOはその生死に直接関わる非常に重要な指標である．

② BOD（生物化学的酸素要求量）

水中に存在する有機物質が，好気性微生物によって酸化分解されるときに消費される酸素量を生物化学的酸素要求量（Biochemical Oxygen Demand：BOD）という．BODは有機物汚濁量を表す指標の一つであるが，試料水中に微生物の活性を抑制するような物質が混入している場合には過小評価し，また，窒素汚濁が進行している場合には過大評価することになる．

③ COD（化学的酸素要求量）

酸化剤を試料水に加えて加熱分解し，このときに消費される酸化剤の量を酸素量に換算したものを化学的酸素要求量（Chemical Oxygen Demand：COD）という．酸化剤としては，過マンガン酸カリウムか重クロム酸カリウムが用いられるが，重クロム酸カリウムを用いた方が大きめの値が出る（日本では，通常，過マンガン酸カリウムが用いられている）．CODは，試料中に還元性無機イオン（Cl^-，S^{2-}，Fe^{2+}など）を多く含んでいると過大評価される恐れがある．また，必ずしも，試料水中に含まれる有機物のすべてが酸化されるわけではない．

④ TOC（全有機炭素）

上述のように，環境基準に明記されているBODやCODという指標は，水中の有機物の量を正確に表しているとはいい難い指標である．これに対して，有機物に必ず含まれている炭素を測定し，この炭素量によって有機物量を表す指標がある．それが全有機炭素量（Total Organic Carbon：TOC）である．TOCは，主に，燃焼-赤外線分析法によって，有機物が燃焼したときに生じる二酸化炭素を測定し，これによって有機物に含まれている炭素量を定量化して示している．

2) 富栄養化関連指標

① T-N（全窒素）

窒素は，有機態窒素と無機態窒素に大別される．有機態窒素は，アミノ態やタンパク態などの含窒素有機化合物で，粒状有機態窒素（PON）と溶存有機態窒素（DON）に分類される．一方，無機態窒素は，アンモニア態窒素（NH_4-N），亜硝酸態窒素（NO_2-N），硝酸態窒素（NO_3-N）に分類される．これらの無機態窒素は水中に溶解した状態で存在するので，これらを総称して溶存無機態窒素（DIN）

```
T-N ─┬─ 有機態窒素 ─┬─ 粒状有機体窒素    ：PON
     │              └─ 溶存有機態窒素    ：DON
     └─ 無機態窒素 ─── 溶存無機態窒素 ─┬─ アンモニア態窒素：NH₄-N
                     ：DIN             ├─ 亜硝酸態窒素    ：NO₂-N
                                       └─ 硝酸態窒素      ：NO₃-N

   P : Particle
   D : Dissolved
   O : Organic
   I : Inorganic
   N : Nitrogen
   P : Phosphorus
```

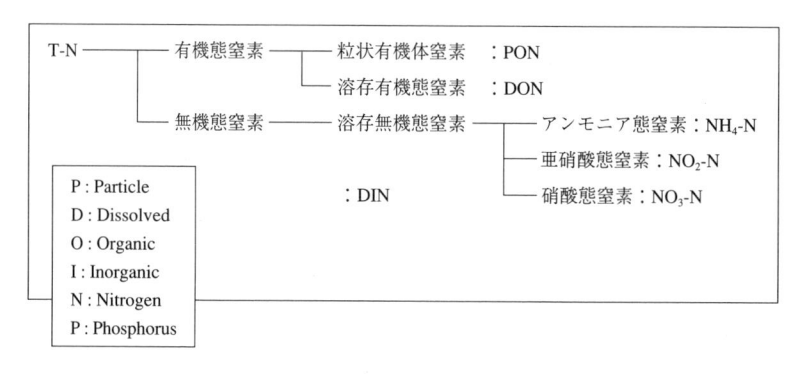

図5.6 窒素の状態

と呼ぶ．植物プランクトンは，アンモニア態窒素あるいは硝酸態窒素の形で窒素を吸収する．また，粒状有機態窒素，溶存有機態窒素，溶存無機態窒素を合わせた窒素あるいは窒素量を全窒素（Total Nitrogen：T-N）と呼ぶ．

② T-P（全リン）

リンも窒素と同様に，粒状態リンと溶存態リンとに大別される．外洋では粒状態リンの大部分は有機態（POP）と見なせるが，内湾・沿岸域ではいろいろな物質に吸着したり，アルミニウム，鉄，カルシウムなどと結合することが多く，このような形態のリンを粒状無機態リン（PIP）という．溶存態リンは，溶存有機態リン（DOP）と主にオルトリン酸塩である溶存無機態リン（DIP）とに分類される．植物プランクトンは，溶存無機態リンを吸収する．粒状態リンと溶存態リンを合わせたリンあるいはリンの量を，全リン（Total Phosphorus：T-P）と呼ぶ．

表 5.2 COD，窒素，リンの意味

項目	水産動植物などにとっての意味合い
COD	・海域の有機性汚濁の指標．CODの増加要因には有機性の排水や海域でのプランクトンの増殖がある．有機物が微生物によって分解される際に酸素を消費し，その量が多大となった場合には貧酸素化を招く．
全窒素 全リン	・栄養塩（窒素,リン）は海域の基礎生産にとって不可欠なものである．ただし，これらが過剰になると（富栄養化）植物プランクトンの過増殖を招き赤潮を発生させる要因となる．全窒素：1.0 mg/l，全リン：0.09 mg/lの値を超えると，植物プランクトンの異常増殖によって，貧酸素あるいは無酸素水塊の形成が見られ，特に夏季の底層においては青潮や苦潮によるアサリの斃死のような漁業被害が生じうる状態と判断される．

((社) 全国漁港漁場協会，2003)

③ 富栄養化の定義

栄養塩の状態などによって海域が貧栄養域，富栄養域，過栄養域，腐水域に区分される（表 5.3）．一般には植物プランクトンが過剰に増殖しやすい水域が富栄養化水域といわれ，数値による明確な定義はないようである．しかし，富栄養化の目安としては富栄養と貧栄養の限界値が T-N：0.15〜0.2 mg/l 程度とされている例，T-P：0.02 mg/l 程度とされている例がある．大阪湾の湾口，湾央，湾奥別 DIN の推移（年平均）を図 5.7 に示した．神戸市から大阪市にかけての地先の海域は，栄養塩濃度が高く富栄養化水域であることがわかる．

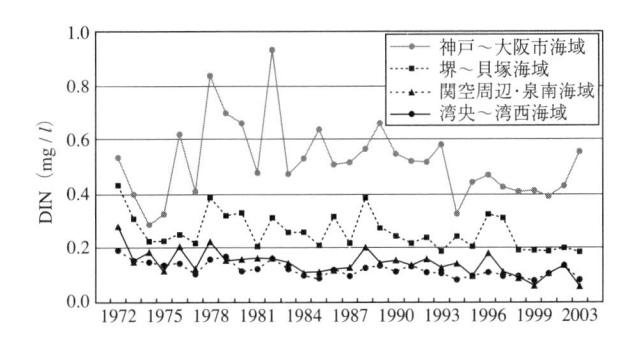

図 5.7 大阪湾における水質（DIN）の推移（大阪府，2005）

表 5.3　海域の栄養階級区分とその特徴（吉田，1973）

特　徴	腐水域	過栄養域		富栄養域	貧栄養域
		数 m 以深域	数 m 以浅域		
水質・生産量					
透明度（m）	1.5 以下	3 以下		3～10	10 以上
COD（ppm）	10 以上	3～10		1～3	1 以下
無機態 N 化合物（μg atm.N/l）	100 以上	10～100		2～10	2 以下
溶存酸素	表層近くまで低または無酸素状態（0～30％）	表層は過飽和,底層は無（低）酸素状態（0～30％）	表層は過飽和状態（100～200％）	表層,中層は飽和状態.数 m 以深の底層は不飽和状態（30～80％）	表・中・底層とも飽和状態（80～100％）
硫化水素	表層近くまで認められる	底層に認められる	認められない	認められない	認められない
クロロフィル（mg/m³）	―	10～200		1～10	<1
基礎生産量（mgC/m³/hr）	―	10～200		1～10	1<
底質					
硫化物（mg/g）	1.0<	0.3～3.0		0.03～0.3	<0.03
COD（mg/g）	―	30<		5～30	<5
生物					
底棲生物（多毛類）	小数, 少種	小数, 少種	最も多数, 多種	多数, 多種	小数, 少種
底棲生物（甲殻類）		小数, 少種		多数, 多種	小数, 少種
植物プランクトン（細胞数/ml）	10^5 以下, 少種	10^3～10^5, 少種		10^1～10^3, 多種	10^1 以下, 多種
微生物バクテリア（細胞数/ml）	10^5 以上	10^3～10^5		10^2～10^4	10^2 以下

5-4　複合的要因による水質悪化

1）風が吹けば桶屋がもうかる的環境悪化プロセス

大阪湾の環境悪化の要因として様々なものが揚げられる．また，それぞれの要因が互いに関係しあって，さらなる環境の悪化を招いている．それらを図 5.8 のように整理すると，「人が集まれば…貧酸素ができる」，いわば「風が吹けば桶屋が儲かる」的環境悪化の連関となる．このようなインパクトに対する環境の応答・連関は，環境影響フローとも呼ばれる．環境修復・再生を考える場合，このような連関を整理し，要因の軽重にメボシをつけて，技術を絞り込むこと，複数の要因を対象にした複数の修復技術を組み合わせること（ベストミックス）が重要である．

2）流入負荷

水域に供給される有機物や栄養塩は，河川などを経由して陸域から流入するものと，底質から溶出してくるものとに大別される．前者を「外部負荷」あるいは「流入負荷」といい，後者を「内部負荷」という．また，栄養塩を利用して植物プランクトンが増殖することを「内部生産」という．

人間が活動することによって大量の負荷を自然界へと排出していることは，自らの生活様式を振り返れば，すぐにわかる．人間 1 人が 1 日に排出する COD は 31 g/人/日で，このうち，70％が生活雑排水，30％はし尿である．生活雑排水のうち，55％は台所から，30％は風呂から，13％は洗濯によって発生している．また，人間 1 人が 1 日に排出する窒素は 12 g/人/日で，リンは 1.43 g/人/日である．

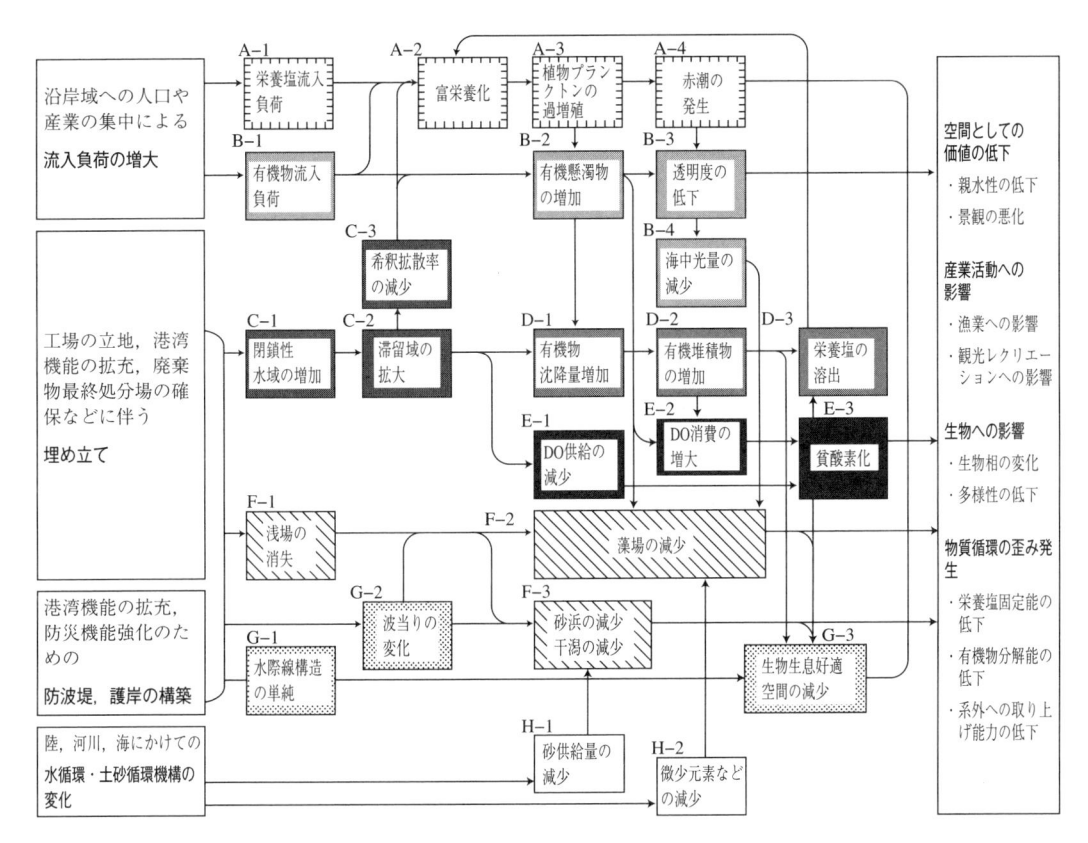

図 5.8 環境悪化の連関

したがって，流域内で生活している人口がわかれば，1日当りに当該流域で発生する負荷量が求められる（図 5.9）．これらが直接的，間接的に海に流れ込む．

　下水道が公共用水域の水質保全に役立つためには，下水道から河川や海域へ放流される水の水質管理が適正に行わなければならない．このため，下水道法（昭 33．法律 79）により，公共下水道及び流域下水道から放流される水の水質は，一定の基準を満たさなければならないとされている．しかしながら，下水処理施設によって有機物や栄養塩が完全除去された処理水が水域に排出されているわけではない．窒素の場合，これらの施設に流入した約半分程度が河川や海に排出される．また，これらの排水は広く分散させて海域に放流されるのではなく，ある点に集中して放流されるため，局所的に栄養塩濃度の高い海域が生じることになる．

　昔はノリ漁場に肥料（人糞など）を撒いていた，いわゆる施肥を行っていたとのことである．播磨灘では「東が吹くとノリが良い」とまでいわれ，ノリ生産者にとっては大阪湾の汚れた水（栄養塩をたくさん含んだ水）が大切にされた．最近では栄養塩が不足しているといわれている．皮肉な現実として，大阪湾南部の比較的きれいな海域に面する自治体では，後発して下水処理場の整備が進められつつあることから，これらは高度処理（三次処理）能力を有した施設となっている．すなわち，栄養塩が不足する海域で高度処理水が排出され，依然として栄養塩が有り余る湾奥部の海域では，二次処理水が排出されている．最近では栄養塩の質に対する議論も活発になりつつある．

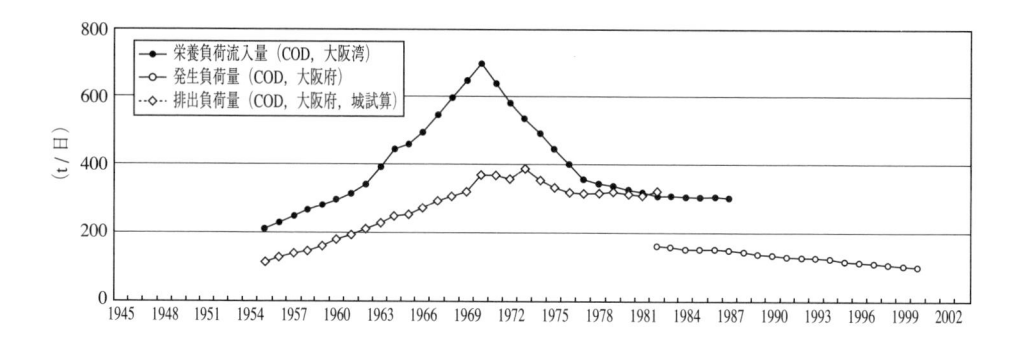

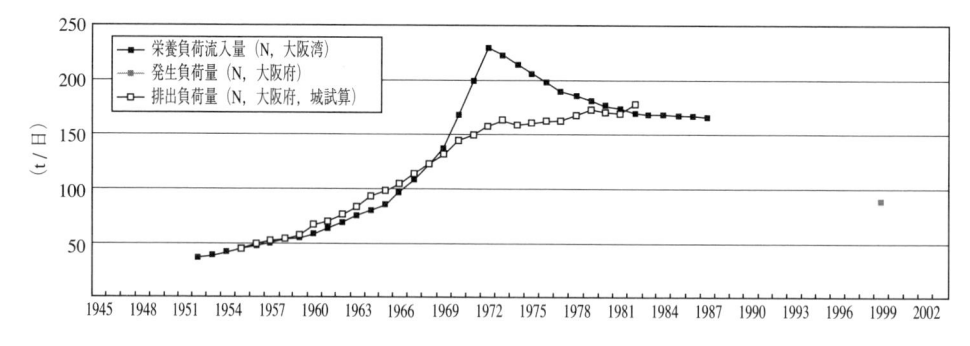

図 5.9　負荷量の算出例（大阪府，2005）

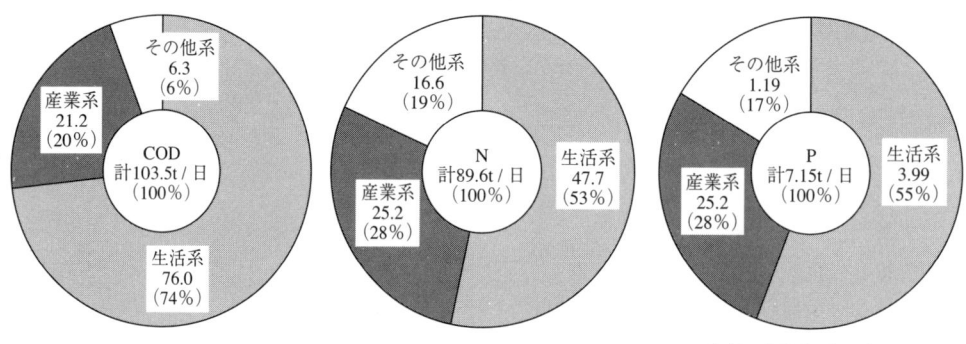

資料：大阪府（2001）より作成

図 5.10　発生負荷量の内訳

3）富栄養化と赤潮

　海域の富栄養化によって植物プランクトンが異常増殖し，赤潮を引き起こす．赤潮は魚介類の鰓を詰まらせたり，その毒性が魚介類を死滅させることから大きな問題となる．その他，過増殖した植物プランクトンの死骸が有機懸濁物（デトリタス）となり沈降堆積することによって，有機汚泥の原因物質となる．なお，赤潮の原因となる植物プランクトンは食物連鎖における一次生産者であり，過増殖しない時には，光合成によって有機物を作るとともに海中に酸素を供給するといった重要な役割りを果たしている．

4）埋め立て

埋め立て面積の推移，累計を図5.11に示した．「大阪湾における望ましい漁場環境」（1987年3月）では，1965年〜1971年にかけて行なわれた埋め立てによって−10 m以浅の浅場消失面積の累計が3000 haを超えたことが，貝類の漁獲に壊滅的な打撃を与えたとしている．

平成になってからの大阪湾での埋め立ては表5.4のとおりである．神戸空港，関西国際空港2期事業を除く埋め立ては，最終処分場の確保，焼却場の建設など，ごみ問題の出口と密接に関係している．高度成長期の「工業立地」のための埋め立てから，「ごみ処理場確保」の埋め立てへとその目的が変化してきているともいえる．「開発 vs 環境」という構図から「生活 vs 環境」へと，埋め立てに関する環境問題は様変わりしてきたともいえる．参考として尼崎沖処分場，泉大津沖処分場の受け入れ廃棄物の内訳を図5.12に示した．いずれにせよ，われわれは埋め立てによって，多くのものを得て，多くのものを失った（表5.5）．

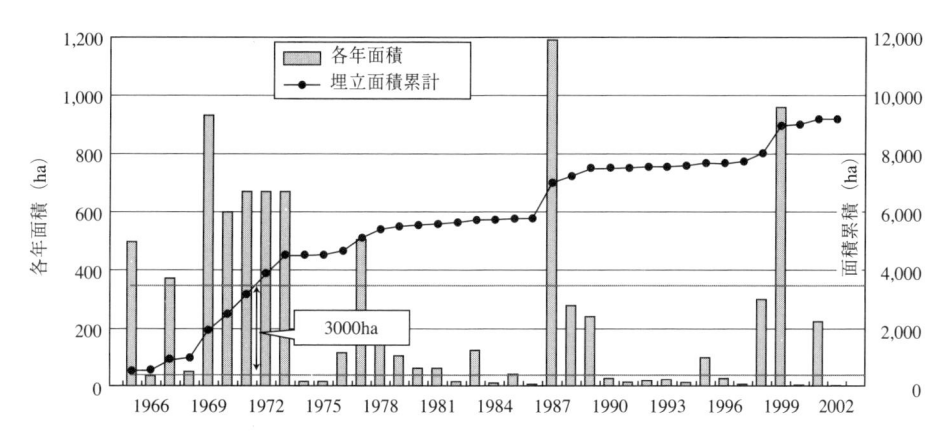

図5.11 大阪湾における埋め立て面積の推移

表5.4 平成以降の埋め立て免許

免許年	場　所	面積(ha)	備　考
1989年	堺泉北港内	203	泉大津沖フェニックス
1997年	神戸港内	286	六甲南フェニックス
1999年	阪南港阪南2区	142	焼却場　他
1999年	神戸空港	272	
1999年	関西国際空港2期	545	
2001年	大阪港内	204	フェニックス，港湾機能

（国土交通省大阪湾環境データベースより）

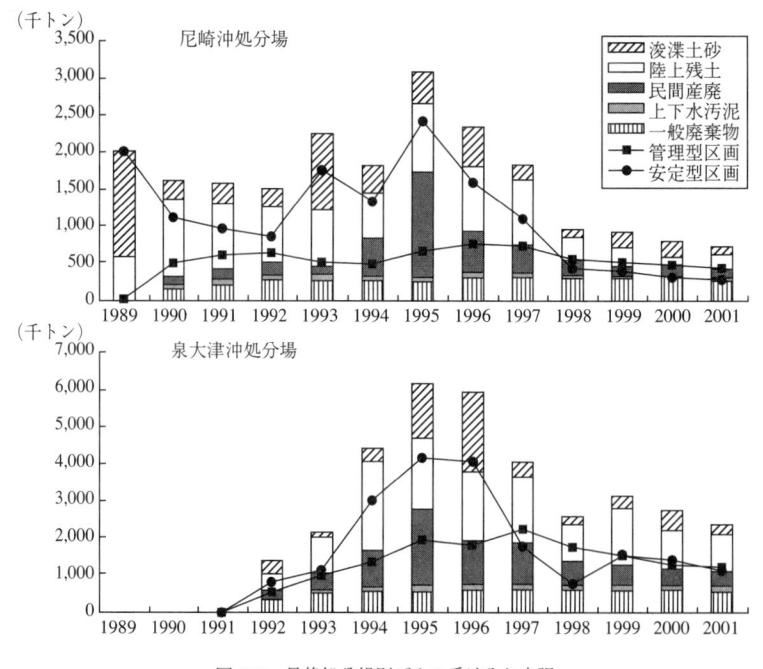

図 5.12　最終処分場別ごみの受け入れ内訳
(国土交通省大阪湾環境データベースより)

表 5.5　埋め立てによって得たもの・失ったもの

埋め立てによって私達（高度成長期の日本）が手に入れた価値（生産した価値）
・埋め立て事業費（工事費）→　施工業者，材料メーカー
・漁業補償　→　漁業者
・埋め立て地の固定資産税　→　地元市町村
・立地する企業の法人税　→　地元市町村
・埋め立て地で生産される工業製品の付加価値　→　立地企業（利益），社員（給与）

埋め立てによって私達と将来の世代が失ったもの・価値
・海そのもの，藻場，干潟
・海のレクリエーションの場としての価値
・水質浄化機能
・生物の生息場としての価値
・「海」の意識　……

5）底層の貧酸素化

① 貧酸素の定義

溶存酸素の低下が魚介類に及ぼす影響については，水産用水基準（1995）において，表5.6のようにまとめられている．1989年に行われた日本海洋学会シンポジウム「貧酸素水塊」のまとめにおいては，$2.5\ ml/l$（約 $3.5\ mg/l$）以下を貧酸素水塊と呼ぶ場合が多いとしている．

貧酸素は生物に直接的な影響を及ぼすとともに，最終的に生成される物質が嫌気的環境下ではアン

モニアや硫化物となり，それらは生物にとって有害な物質であることからも底生生物や移動性が低い魚介類に多大な影響を及ぼす．

表 5.6 溶存酸素の低下が魚介類に及ぼす影響

溶存酸素 (DO)	①魚介類の致死濃度 　底生魚類：1.5 ml/l 　甲殻類：2.5 ml/l ②魚介類に生理的変化を引き起こす臨界濃度 　魚類，甲殻類：3.0 ml/l 　貝類：2.5 ml/l ③貧酸素と底生生物の生理，生態的変化 　底生生物の生存可能な最低濃度：2.0 ml/l 　底生生物の生息状況に変化：3.0 ml/l ④漁場形成と底層の酸素濃度 　漁獲に悪影響を及ぼさない濃度：3.0 ml/l

(1.429 mg/l = 1 ml/l)
((社) 日本水産資源協会，1995)

② 表層過飽和？，底層貧酸素

植物プランクトンの光合成による有機物の生産過程は表 5.7 式①のように表される．ちなみにこのような CNP の比率，106：16：1 はレッドフィールド比と呼ばれ，植物プランクトンやプランクトン由来の有機懸濁物の元素組成比を表す．これらの植物プランクトン由来の懸濁物が，沈降する過程や海底に堆積した後バクテリアによって分解される．有機物は表 5.7 式②のようにアンモニア，さらには硝酸態窒素へと分解される．この過程でバクテリアによって利用される酸素が，すなわち有機物が分解される際に消費される酸素となる．

表 5.7 光合成・有機物分解

光合成
$106CO_2 + 122H_2O + 16HNO_3 + H_3PO_4 \rightarrow (CH_2O)_{106}(NH_3)_{16}H_3PO_4 + 138O_2$ ①
有機物の分解
$(CH_2O)_{106}(NH_3)_{16}H_3PO_4 + \underline{106O_2} \rightarrow 106CO_2 + 106H_2O + 16NH_3 + H_3PO_4$ ②
$16NH_3 + \underline{32O_2} \rightarrow 16HNO_3 + 16H_2O$

海底に沈降堆積する有機物が分解されることにより，多量の酸素が消費される．このとき，密度や温度成層によって，表層と底層の海水が鉛直方向に混合されないと，底層で酸素不足が進み貧酸素水塊が形成される．大阪湾では夏季には表層が過飽和，底層が貧酸素といった状態が形成される．

③ 六甲おろしが吹くと青潮が出る？

夏季の底層で発生・拡大する貧酸素水塊が海面付近に湧昇すると青潮となる．大阪湾では夏季～秋季に北風が吹き続け表層の海水が南に吹き流されることにより，底層の水が引きずられ表層に湧昇する．この際，北側の海岸が垂直護岸の場所よりも，砂浜が残され海底が緩やかに浅くなる個所の方が

底層の海水が湧昇しやすい．そのため，湾奥部の自然海岸が残された甲子園浜などで青潮が発生しやすい．なお，風の力や湾の形状によっては，垂直護岸で囲まれた港内でも青潮が発生する．

(重松孝昌・中西　敬)

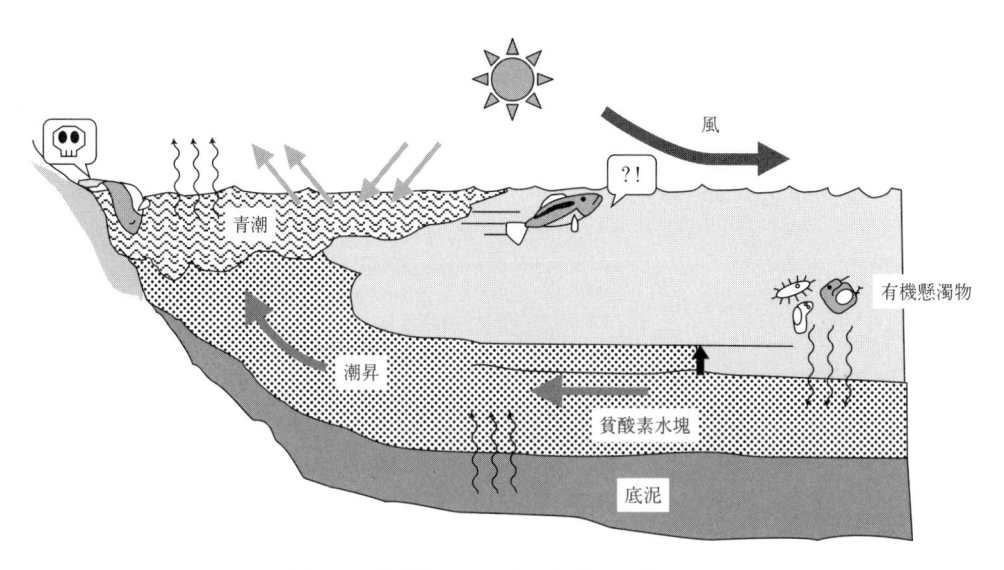

図 5.13　青潮発生のメカニズム（中辻，2006）

Q&A

Q1　何故 3 態窒素を調べるのですか？

　有機態窒素は微生物によってアンモニア態窒素に分解され，さらに好気的環境下では亜硝酸，硝酸へと分解され生物に無害な物質となります．この過程で酸素が不足すると（嫌気的環境下では）最終的に生成される物質はアンモニア，硫化物などになります．このように 3 態窒素を調べることによって，そこでの有機物の分解の程度から DO の状態を知ることができるのです．

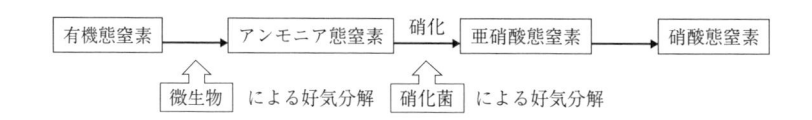

有機態窒素 → アンモニア態窒素 →（硝化）亜硝酸態窒素 → 硝酸態窒素
　　　　　↑微生物による好気分解　↑硝化菌による好気分解

文　献

第 5 管区海上保安本部：ホームページ，http://www.kaiho.mlit.go.jp/05kanku/
藤原建紀・澤田好史・中辻啓二・倉本茂樹（1994）：大阪湾東部上層水の交換時間と流動特性－内湾奥部にみられる高気圧性渦－，沿岸海洋研究ノート，31，227-238.
国土交通省：国土交通省大阪湾環境データベース，http://kouwan.pa.kkr.mlit.go.jp/kankyo-db/

中辻啓二（2006）：大阪湾再生のための基礎講座テキスト，生態工学研究会．
大阪府（2001）：平成13年度発生負荷量など算定調査報告書各論．
大阪府（2005）：大阪府漁場環境保全方針．
大阪府水産試験場（2002）：大阪府水産試験場事業報告平成14年度．
（社）日本水産資源保護協会（1995）：水産用水基準．
（社）全国漁港漁場協会（2003）：水産基盤整備事業における環境配慮ガイドブック．
上嶋英機・田辺弘道・宝田盛康・山崎宗広（1998）：大阪湾で構想されている大規模埋め立てによる流動環境変化に関する研究，海岸工学論文集，45，1016-1020．
吉田陽一（1973）：低次生産段階における生物生産の変化，水圏の富栄養化と水産増養殖（日本水産学会編），恒星社厚生閣，pp.92-103．

第6章

大阪湾における生物

大阪湾沿岸域の環境再生に関しては，その効果の評価は必ずしも十分ではないが，堺泉北港や阪南港での人工干潟の造成，関西国際空港島での平坦提付き傾斜護岸などの整備などが知られており，沿岸環境の再生に係わるプロジェクトは今後とも継続されると考えられる．このような場合，再生施策や技術の基礎になるのが沿岸環境に関する基礎知識，生物と環境ならびに生物相互の関係などに関する生態学的な知識である．そこで，この章では，流域に約1,500万人の人口を抱え，半閉鎖性で富栄養な大阪湾の環境と生き物についての基礎知識を身につけるために，海産生物の現状と変遷，渚の役割などについて概説する．

6-1 大阪湾水環境の変遷

大阪湾は赤潮が多発し，夏には海底水の酸素が著しく不足することなどから，「海洋生物の営みに欠ける，死に絶えた海」といったイメージで誤って捉えられている．現実の大阪湾は植物プランクトンが豊富なため，生物の活動が活発で，約225種もの漁業生物が捕獲されている．ただ，夏季の北部海域が生き物の棲みにくい海となることも事実で，海洋生物の一部はなかなかに逞しく環境に適応して生きているものの，この季節には出現種類数や現存量が激減してしまう．これは人間が利便性や生活水準の向上を求め過ぎて，沿岸域を埋め立て，大量の有機物を海に流し込んだことによって，生態系が「糖尿病」に罹ってしまったことを物語っている．大都市に近い海では開発によって天然の干潟や砂浜が消失し，市民が自由かつ簡単に自然と親しむことができる「渚」が大変少なくなっているが，干潟や砂浜は海水浄化の場としても知られており，さらに浅場は魚やエビなどの赤ちゃんの保育場や成育場としても重要である．

6-2 プランクトンの分布

水質・底質の分布やその季節的変化は当然のことながらそこに棲む生き物に大きな影響を与える．1935年に英国人タンズリーは生物の集団とそれをとりまく非生物的な環境を一つの機能的なシステムとして捉え，これを生態系（Ecosystem）と呼んだが，植物プランクトンは生態系の基盤となる生物で「基礎生産者」と呼ばれている．植物プランクトンを「赤潮の原因生物」というと聞こえが悪いが，一方では「海の牧草」と考えられ，海洋に棲む全生物の貴重な食糧源となっている．図6.1に大阪湾に生息する植物プランクトンの種類数と細胞数，およびこれらから導き出される多様度指数（J' 指数 $= H'/\log_e S$，ここで $H' = -\Sigma\, n_i/N \log_e n_i/N$，$N$：総個体数，$n_i$：$i$番目の種類の個体数，$S$：種類

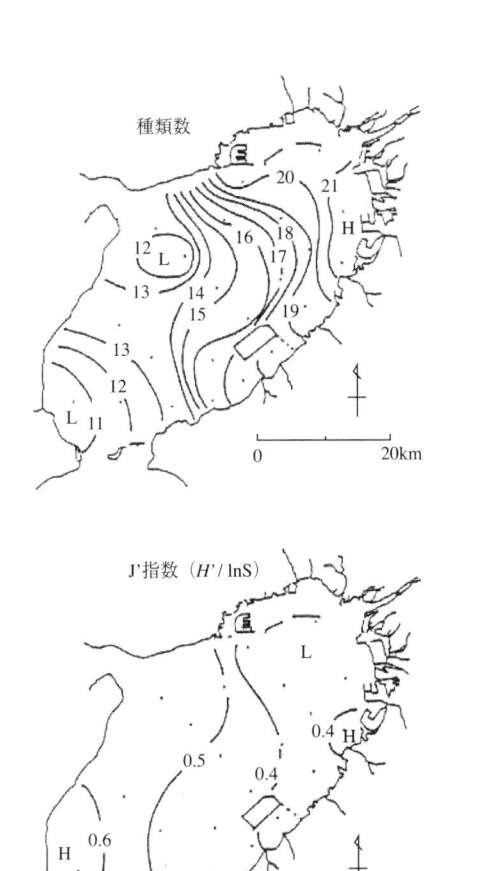

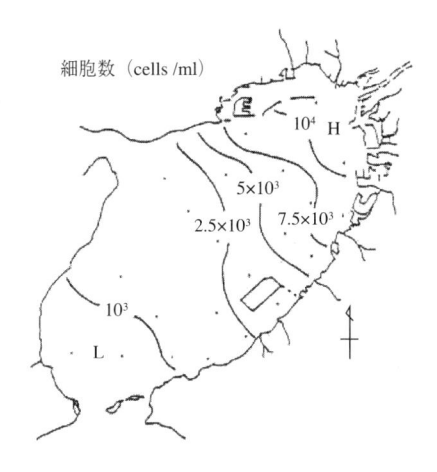

図 6.1 大阪湾での植物プランクトンの種類数，細胞数と種多様度の分布（表層水）

数）の分布を示す．これらは 1979 年から 1991 年の各季節ごとに大阪湾の 20 定点の表層で採取した海水に出現する植物プランクトンの細胞数を種類別に計数し求めたものである．図から塩分が低く，栄養に富む湾北部海域ほど多種類のプランクトンが分布し，総細胞数が多く（1 ml 中に 1 万細胞以上），明瞭な北高南低型のパターンを示すことがわかる．そして湾奥域と南部域では種類数では約 2 倍，細胞数では 21 倍以上の差が見られた．汚れている湾奥域ほど植物ブラランクトンの種類と数が多い？このように我々の一般的な常識とやや異なる結果となったが，これは年平均で見ると大阪湾沖合の水環境は「富栄養」に該当し，生物相が著しく貧困になる「過栄養」または「無生物」まで湾の浮游生態系は劣化していないためかも知れない．まだまだ，大阪湾再生の可能性は残っているといえよう．ただ，植物プランクトン群集の均衡性を示す相対多様度に関しては湾奥域は 0.35～0.40 であるのに対して湾口域の洲本地先では 0.62 となった．したがって湾奥域ほど赤潮が多発し，出現植物プランクトンは多いものの特定の種が偏って卓越することが読みとれる．

　生態学的に見て植物プランクトンの上位に位置するのが動物プランクトンである．動物プランクトンには全生涯を水中で過ごす終生動物プランクトンと一生のある時期だけを浮游生活者として過ごす一時動物プランクトンがあり，後者としては魚卵・仔魚，二枚貝・巻き貝・エビやカニの幼生などが

知られている．また，終生動物プランクトンにはミジンコ，オキアミなどの仲間があり，世界で約5,000種存在するとされている．

ところで，現存量とはある時のある空間での生物の重量または個体数で表されるが，生物の動態をより的確に把握するには生産量（ほぼ同時に生まれた同じ生物種の集団が，ある期間に合成または同化した有機物の総量）を知る必要がある．動物プランクトンの現存量データを利用し，水温などから現存量を炭素ベースの生産量に換算した結果として，動物プランクトンの1日・1 m^{2}当たりの生産量は181 mgC/日で，大阪湾全域では272トンC/日の値が報告されている（城，1986）．動物プランクトンは植物プランクトンを摂食するが，「動物プランクトンの生産量÷植物プランクトンの生産量」を植物および動物プランクトン間の転送効率（transfer efficiency）と呼び，生態系での物質循環の良否（あるいは海の生態系の健全度）を示す指標の一つと考えられている．例えば，この値は北部太平洋では0.10〜0.35，カリフォルニア海流域で0.096，ペルー海流域で0.18，そして瀬戸内海で0.22などの値が知られている．それでは，大阪湾の生態効率はどの程度なのだろうか？　今，大阪湾での植物プランクトンの生産速度を約2 gC/m^2/日として，動物プランクトンのそれが0.18g C/m^2/日であるから0.09との値が得られ，かなり効率が低いことがわかる（図6.2）．このように富栄養で植物プランクトンによる基礎生産が高い大阪湾では低次生態系での物質の転送が悪く，余った植物プランクトン起源の有機物は海底に貯まったり，湾外へと放出されている．

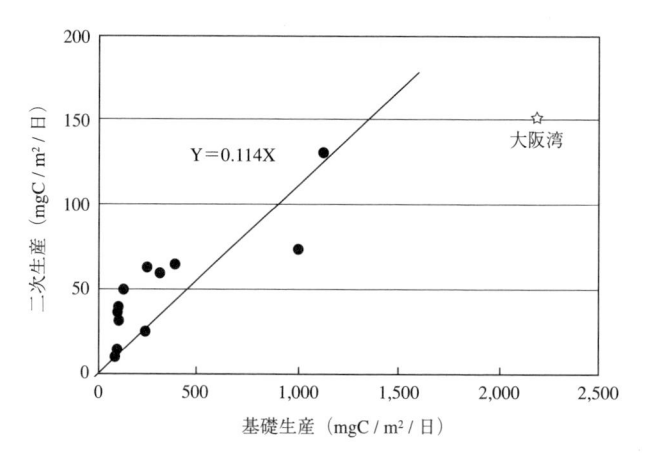

図6.2　基礎生産と二次生産との関係（城，1995）

6-3　ベントスの分布

海の底に棲む生物はベントス（Benthos）と呼ばれている．これには，体のサイズや生息場所などから色々に区分されているが，大阪湾では1 mm目のフルイに残るマクロベントス（小型底生動物）について比較的よく調べられている．計数や同定に専門的知識が必要で，大変手間のかかる作業であるにもかかわらず調べられているのは，ベントスの出現状況がその場の中期的な汚濁の履歴を示すとされるからである．ここでは，やや古いが玉井・永田（1978）による大阪湾全域についての調査結果を紹介する．彼らは0.1 m^{2}当たりの出現種類数をヒトデの仲間を除いて示し，明石海峡や友が島水道

などの潮通しのよい場所ならびに湾東部の浅場に比較的たくさんの種類が生息し，泥底域である沖合い海域には少ないことを報告した．特に富栄養または過栄養な湾奥域は出現種類数の低下が著しいとしている．小型ベントスはカレイやシタビラメなど底生魚類の絶好の餌生物であり，小型ベントスが生息できなくなるような開発は，底生生態系に大きな影響を及ぼすことが懸念されよう．また，玉井・永田（1978）はこの調査結果から，大阪湾の小型ベントス群集をおおまかにAからEまでの5つに区分しており，それぞれの区域の特徴を以下のように述べている．

A区：湾奥から湾東部に広がる水深10～20mの泥底域．個体数・種類数とも貧弱で，出現する生物のうちゴカイの仲間が80％以上を占める．

B区：湾奥～湾東部の水深10m以浅海域．現存量はかなり多いが，その85％以上はゴカイ類である．東部沿岸域では夏季に小型甲殻類の大発生がある．

C区：水深20m以深で，A区と次に記すD・E区に挟まれた泥底域．生物相もA区とD・E区の中間的様相を呈す．

D・E区：両海峡部周辺で，底質が粗く，その有機物含量も小さい．底生動物の現存量が大きく，特に他の海域と比べて甲殻類（エビ・カニの仲間）の割合が高い．夏季には甲殻類がゴカイの仲間と同程度の個体数比率を占めるようになる．表在性・濾過食性の動物が優占する．

この海域区分にほぼ従って，ベントス現存量が試算された（城，1986）．それによれば，大阪湾の小型ベントス現存量は湿重量で約15,000～23,000トンで，海域面積が大阪湾全体の40％近くを占めるA区の底生動物量は全体の7.5％程度しか過ぎず，面積割合が約25％の明石海峡と紀淡海峡周辺で総現存量の52～73％を占めていた．この結果は海峡部が生物資源的に重要であることを示している．

6-4　付着生物の分布

海藻が繁茂し，付着動物（ムラサキイガイなど）の脱落が少ない2005年5月に，大阪湾に面する52ヶ所の護岸の水面付近に生息する付着動物と海藻類の出現種数を目視観察した．図6.3に示したように，大阪湾での海藻の分布は水環境の善し悪しを的確に反映したものとなっていた．すなわち，低

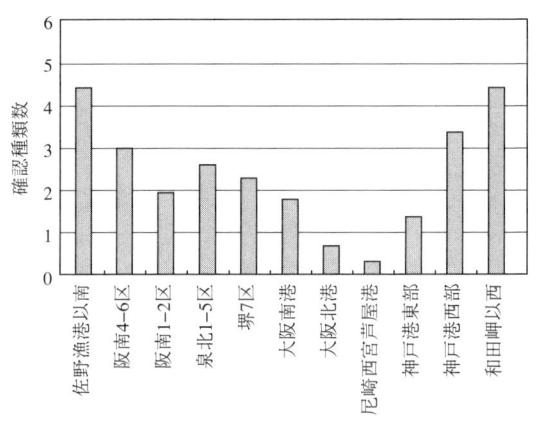

図6.3　大阪湾奥部港湾域における付着海藻の出現状況
（2005年5月）

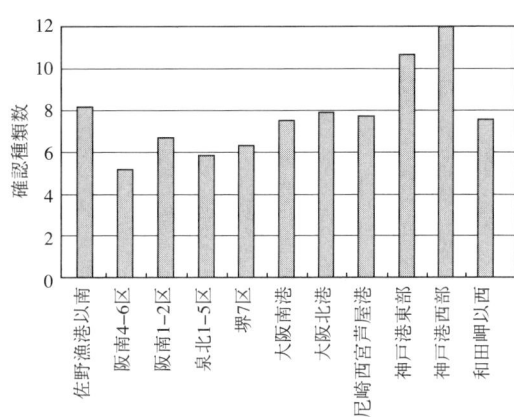

図6.4　大阪湾奥部港湾域における付着動物の出現状況
（2005年5月）

塩分で海水汚濁が進む大阪南港と北港，尼崎・西宮・芦屋港，神戸港東部などで出現種類が少なく，海水の透明度が改善される神戸和田岬以西や佐野漁港以南でやや回復する状況が読み取れた．また，付着動物については阪南港や堺泉北港が他の大阪湾北部や東部の港湾海域に比べて少なかった（図6.4）．この水環境の劣化が進んだ北部港湾海域で生物相が貧困になる現象は，1989年4月の調査結果

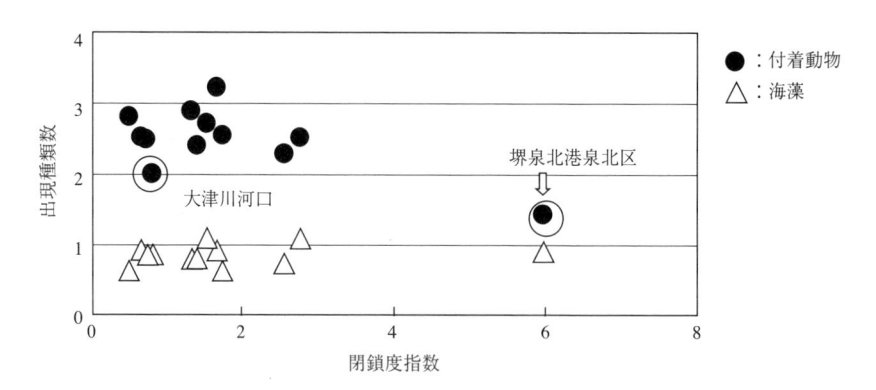

図6.5　港湾海域の閉鎖度と海藻・付着動物の出現種類数の関係

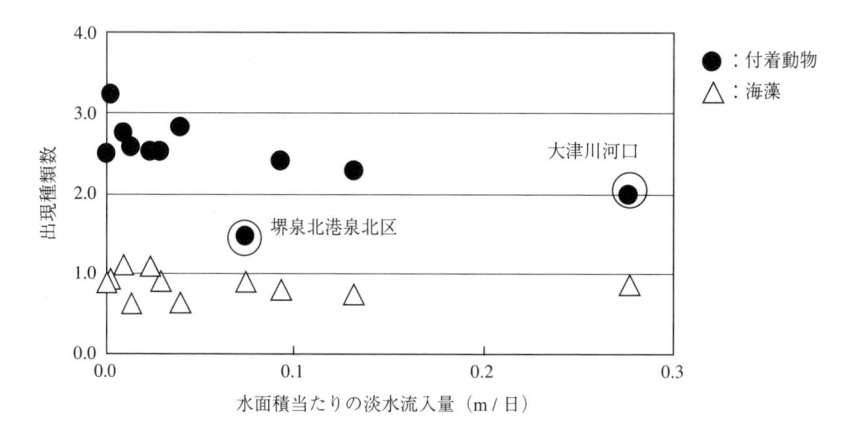

図6.6　港湾海域での水面積当たりの淡水流入量と海藻・付着動物の出現種類数の関係

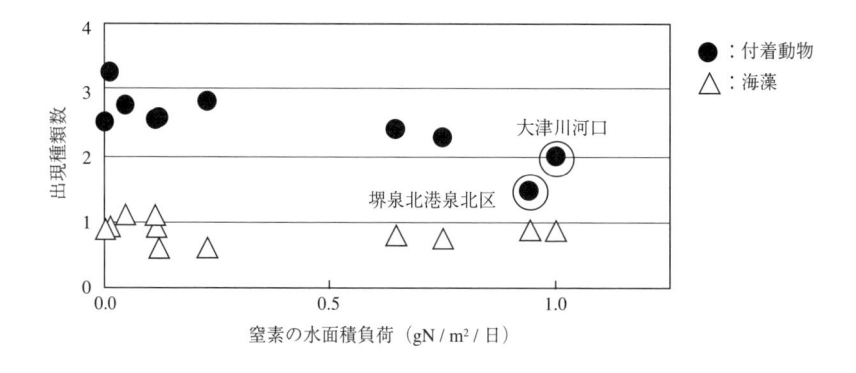

図6.7　港湾海域における窒素の水面積負荷と海藻・付着動物の出現種類数の関係

と基本的には変化していない．

　1989年4月の調査は，港湾内を含む大阪府の全海岸線の524ヶ所にのぼる地点において，護岸の海面近くの海藻類と付着動物を目視観察したものであった（大阪府水産試験場・近畿大学，1993）．そこで，やや古いがこのデータを活用し，付着生物の出現種数と各港湾（泊地）の閉鎖度指数（村上，1998），淡水流入量ならびに栄養塩負荷量などとの関係を検討した．まず，海藻および付着動物の出現種数と港湾閉鎖度指数の関係を図6.5に示す．図から，海藻類には出現種数と港湾閉鎖度との間に明瞭な関係が認められない．一方，多くの港湾では付着動物の出現種数が2.0～3.2，港湾閉鎖度指数も0.51～2.77の範囲を示したのに対して堺泉北港の泉北区エリアでは閉鎖度が5.98と大きく，付着動物の出現種数が1.4種と他のエリアより小さくなった．図6.6に各港湾（泊地）の水面積当たりの淡水流入量と海藻・付着動物平均出現種数の関係を示す．水面積当たりの淡水流入量が大きくなるにつれて付着動物の出現種数の減少する傾向が見られ，特に大津川河口に位置し，かつ下水処理水が流入する阪南港大津川河口エリアでは淡水流入に伴う塩分の低下が著しく，多種類の付着動物が生息できなくなったと推察された．また，堺泉北港の泉北区エリアは水面積当たりの淡水流入量が0.073m/日とそれほど多くないにもかかわらず付着動物の出現種数が少なかったが，これには前述の港湾閉鎖性が関与するものと考えられた．

　図6.7は窒素の水面積負荷と海藻・付着動物出現種数の関係を示したものである．海藻では各エリアの出現種数に大きな差違がないため富栄養化関連物質との関係が見られなかったが，付着動物については，窒素の水面積負荷が大きくなると出現種数の減少する傾向が明瞭に見られた．堺泉北港の泉北区エリア，阪南港の大津川河口エリアでは窒素の水面積負荷はそれぞれ0.94 gN/m^2/日，1.00 gN/m^2/日と高く，付着動物の出現種数が小さかった．

　これらの結果から，富栄養な大阪湾東部の港湾海域では閉鎖度，淡水流入量，窒素負荷量の大きい港湾ほど付着動物の出現種数が小さくなることがわかった．また，堺泉北港の泉北エリアは面積当たりの淡水流入量が多くないものの栄養物質負荷量が大きいことから，比較的高濃度な窒素を含む淡水が流入し，これに加えて閉鎖性が著しく強いため付着動物相が貧困になったと推察された．一方，大津川河口エリアについては，河口に位置するため面積当たりの淡水流入量と窒素負荷量が大きく，塩分の低下と海水汚濁によって付着動物が生息しづらくなったと考えられた．河口域では塩分変動が激しく，付着動物は浸透圧の調節などで大きな生理的負担を強いられる．そのため，河口域では汚濁がなくても出現種数が減少するといわれている．なお，大阪府港湾域で海上から目視観察できる海藻類については，出現種数と港湾閉鎖度，淡水流入量，窒素の水面積負荷などとの間に関係が認められなかった．このことは，大阪湾に直接面する当時の中北部の護岸では，塩分変動，海水汚濁による透過光の減衰，微細な沈降粒子の堆積による世代交代の阻害，動物との種間競争などのため，特定海藻の大量増殖は起こるものの，多様な種の定着や生長が困難な状況にあったのかも知れない．

6-5　漁業生物

　大阪湾沖合は水質汚濁のため「さかな」は棲めないか，非常に少ないと思われるかも知れない．淀川や大和川から栄養に富んだ河川水が流入し，また，海水が交換・混合する海峡部が2ヶ所存在し，

紀淡海峡からは黒潮系水が流入することなどから大阪湾にはけっこうたくさんの魚介類が分布する．表6.1に示したように大阪湾から水産物として食卓にのぼる漁業生物は，魚類149種，エビ・カニ類22種，イカ・タコ類12種，貝類26種，その他の動物と海藻類各8種の計225種で，このうち大阪湾で生まれ・死亡する定住種（クロダイ・ガザミ・ヨシエビ・マダコ・ワカメなど）が全体の52％を，成育または迷い込みによって大阪湾に来遊する種（マイワシ・クルマエビ・シイラなど）が38％を，産卵のため大阪湾に入り込んでくる種（サワラ・アオリイカなど）が10％をそれぞれ占めるとされている（林，1995）．大阪の漁業は典型的な沿岸漁業で，約1,200人の漁業者によって近年，年間

表6.1 大阪湾の利用形態による漁業生物のグループ分け

利用形態		魚　種	種類数	主　要　種
定住種 （118種）		魚類	54	コノシロ・キス・スズキ・クロダイ・コチ・カレイ・シタ類・イカナゴ
		甲殻類	16	ヨシエビ・サルエビ・ガザミ・シャコ
		イカ・タコ類	6	ジンドウイカ・マダコ・テナガダコ
		貝類	26	アカガイ・トリガイなど
		その他の動物	8	ナマコ・ムラサキウニ
		海藻類	8	ワカメ・オゴノリなど
入り込み種 （107種）	産卵 22種	魚類	18	ホシザメ・アカエイ・マルアジ・サワラ
		イカ・タコ類	4	アオリイカ・コウイカ・シリヤケイカ
	成育 53種	魚類	48	マアナゴ・マイワシ・マアジ・タチウオ・マダイ・外海生まれのカタクチイワシ
		甲殻類	5	クマエビ・イセエビ
	迷い込み 35種	魚類	29	トビウオ・サンマ・シイラ・シマアジ
		甲殻類	1	ヒゲナガクダヒゲエビ
		イカ・タコ類	2	スルメイカ

林（1995）

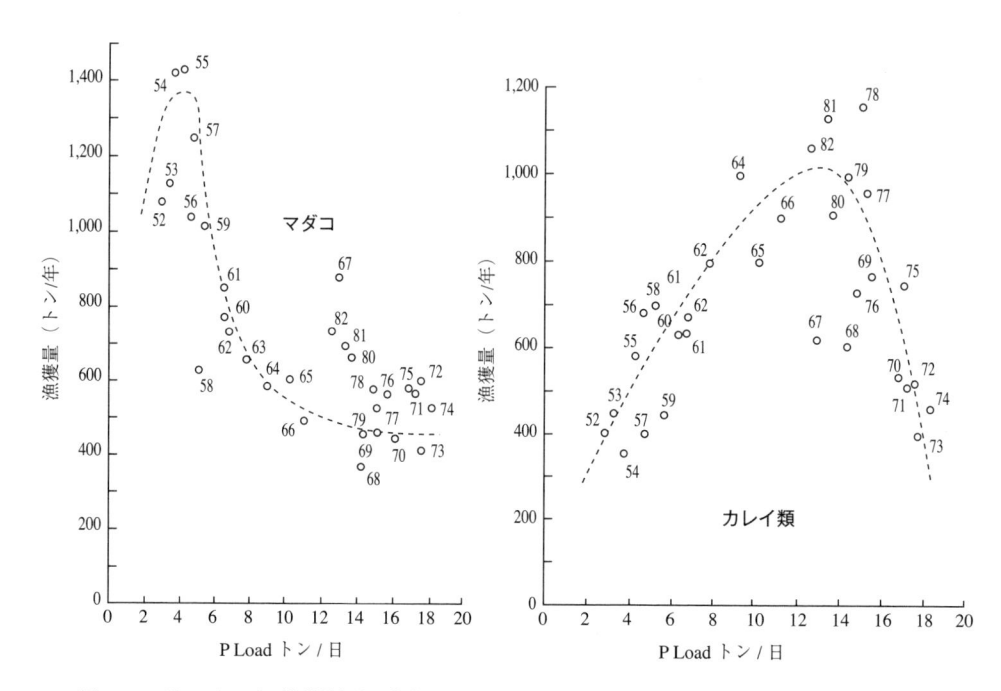

図6.8 マダコ・カレイの漁獲量と流入負荷量の関係（城，1991）図中の数字は年（例えば52＝1952）

15,000〜28,000 トンの魚介類が捕獲されている．魚種を漁獲量順に見ると，コノシロ・イワシ類・イワシシラス・イカナゴなどのプランクトン食性魚が上位を占めるが，全国的な水産資源量の減少と連動してマイワシの順位が下がったのが近年の特徴である．このように餌となるプランクトンが豊富に存在する大阪湾では，海の中層から上層を泳ぐ浮き魚(うお)が多いが，かといって底魚(そこうお)がまったく捕れないわけでもなく，アナゴ・カレイ類・小エビ類なども 1998〜2002 年平均でそれぞれ年間に 406 トン，414 トン，259 トン捕獲されている．明石蛸で有名なマダコを含むタコ類も 186 トンほど捕れているが，同じマダコでも蛸壺で漁獲された沿岸性のものと底曳き網で捕る沖合のものとでは身の固さが違い，歯ごたえを好まれる人は磯で捕れたものを，少し柔らかいのが好きな方は底曳き網で捕ったタコがよい．

　大阪湾の代表的な魚介類として大阪湾で生まれ成長するマダコとカレイを選び，その漁獲量とリン負荷量との関係を検討したものが図 6.8 である．図から，マダコの漁獲がピークになるのは 1950 年代のリン負荷量の少ない時に，カレイ類のそれは 1970 年代後半から 1980 年代初頭のリン負荷量が大凡 14 トン/日の時にそれぞれ対応することがわかる（城, 1991）．この現象には，浅海域の埋め立て，微量化学物質の影響，資源量の自然変動などの要因も関係すると考えられるが，少なくとも魚種によってそれぞれ増殖に好都合な海域栄養度がありそうなことを推察させる．

6-6　環境と生物の経年変化

　図 6.9 に大阪湾の埋め立て面積の推移を大阪府と兵庫県に分けて示す．1965 年から 1999 年までの累計の埋め立て面積は約 9,000 ha に達し，特に瀬戸内海環境保全臨時措置法が施行された 1973 年 11 月以前に兵庫県海域で埋め立てが多く行われたことがわかる．また，1987 年と 1999 年に大阪府海域で大きな値が見られるが，この多くは関西国際空港島 1 期工事と 2 期工事などに起因する．過去 37 年間で甲子園球場約 2,300 個分の海面が大阪湾から消失したことになる．図 6.10 に浅海域の埋め立て

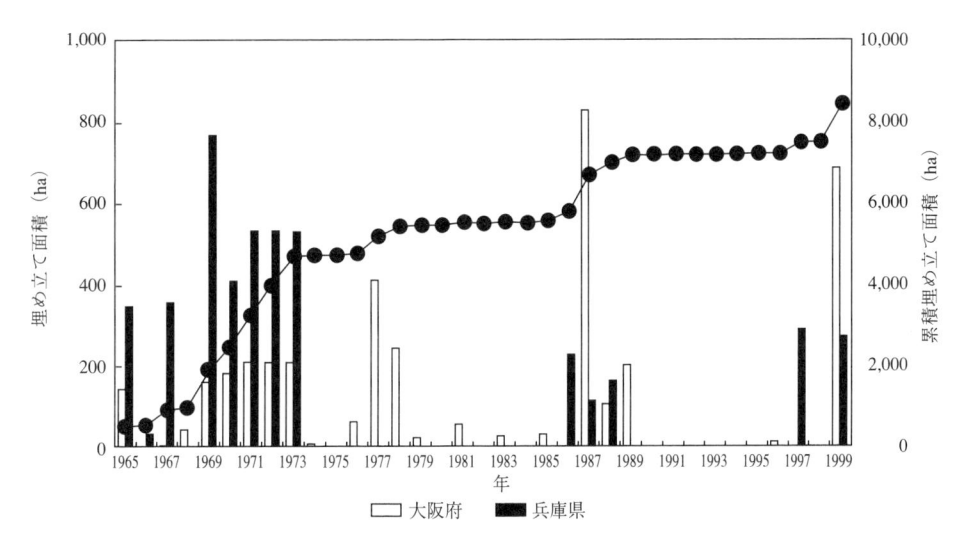

図 6.9　大阪湾での埋め立て面積の推移（大阪府と兵庫県別）

が大阪湾の漁業生物にどう影響したかを知るため，大阪湾での漁獲量の経年変化を魚類・甲殻類・貝類・海藻類・その他の水産動物（ナマコなど）に分けて示した．魚類の漁獲量はマイワシの衰退の影響を受け，近年は2万トン前後となっている．また，甲殻類は1995年と1997年に1,000トンを下回り，その後は漸減傾向にある．そして，その他の水産動物については1971年以降1,000トン程度の漁獲を維持している．このように，魚類と甲殻類の総漁獲量は近年減少気味であるが，加えて海藻類と貝類は特に漁獲量の低下が顕著であり，海藻類は1965年頃1,200トンあった採藻量が近年20～40トンに，同じく貝類に至っては1万トン前後のものが100トンを下回る状況になった．潮干狩りの対象生物であるアサリにいたっては，近年，漁獲統計にのらない年もある．漁獲量の変化には埋め立てなどのほかに，水産資源の大阪湾外からの加入や湾内での発生，天然個体群における疾病，魚介類稚仔の餌となるプランクトンの質と量，有機塩素系農薬・PCB・重金属類などの微量有害化学物質の影響など，様々な原因が関与する．ただ，厳密な検証はできないものの埋め立てやそれに伴う浅場面積の減少が

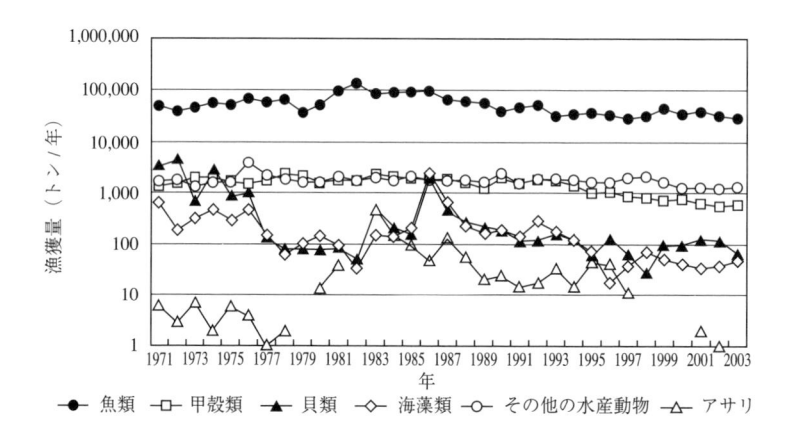

図6.10　大阪湾における類別漁獲量の推移（中国四国農政局漁獲統計より）

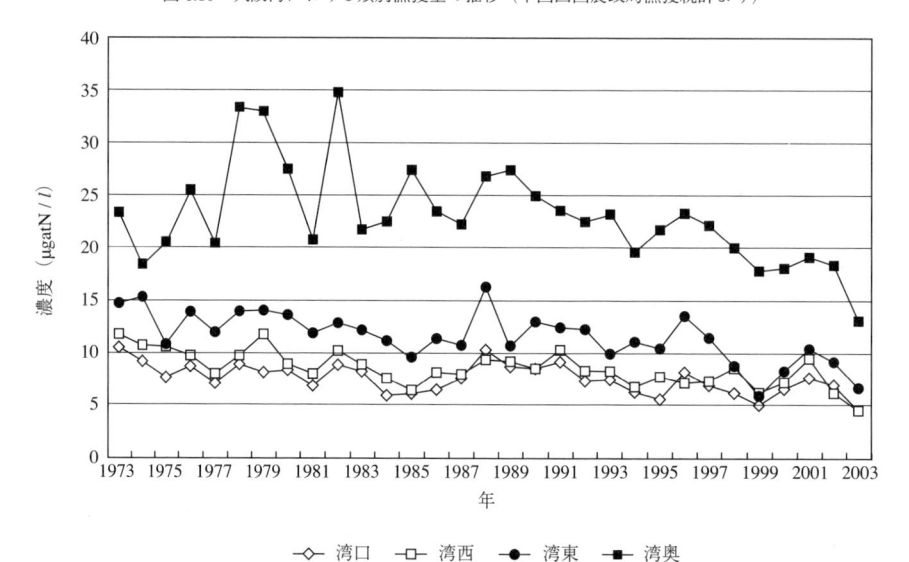

図6.11　溶存無機態窒素濃度（表底層平均値）の経年変化（大阪府立水産試験場のデータより）

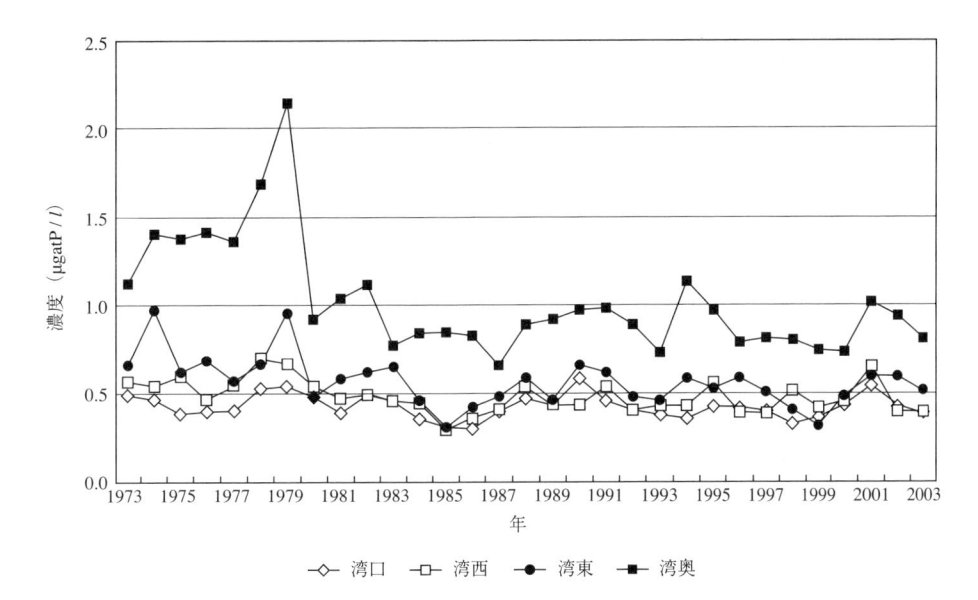

図 6.12 溶存無機態リン濃度の経年変化（表底層平均値）（大阪府立水産試験場のデータより）

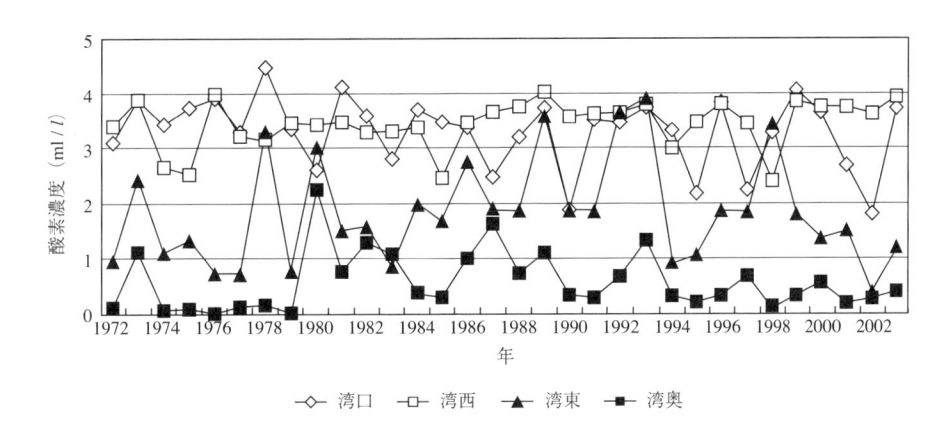

図 6.13 夏季の海域別酸素濃度（最低値）の推移（大阪府立水産試験場のデータより）

貝類や海藻の生残や生長に影響したことを否定することもできないであろう．沿岸域の消失は，浅場や干潟などに生息する生物の衰退を引き起こし，沿岸域での生物生産機能，幼稚仔保育機能ならびに水質浄化機能の低下を招き，ひいては貧酸素水塊など沿岸環境の悪化を助長・拡大する．

次に，海水中に溶けている無機態の窒素とリン濃度の経年変化を図 6.11 と 12 に示す．大阪湾では近年，赤潮発生の元になる海水中の無機態窒素やリン濃度が減少している．特に湾奥域の窒素やリン濃度には著しい低下が見られ，1974 年〜 79 年当時に比べて約半分に減少した．この湾奥域の溶存無機態リン濃度が明らかに大きく減少した 1980 年は，リンを含む家庭用合成洗剤の使用と販売などを禁止した「琵琶湖富栄養化防止条例」の制定時期（1979 年）とよく一致している．

海域に流入した栄養物質を植物プランクトンが摂取し，大量に増殖した後死滅・沈降して海底近傍で分解され，水中の酸素を消費することが貧酸素水塊の発生原因とされている．ここで，有機物の生

産が多く，赤潮が頻発する夏季（8月上旬）の底層における酸素濃度の最低値の経年変化を海域別に比較してみた（図6.13）．

この図から，湾口域の夏季底層水の酸素濃度は3.5～4.0 ml O_2/l 前後であり経年的な変化傾向の少ないことが読みとれる．それに対して，湾奥域の酸素濃度は1974年～1979年頃に比べて少し改善の兆しが見てとれる．ただ，改善の兆しがあるといっても夏季の湾奥域の最低酸素濃度は1.0 ml O_2/l 以下であり，底生生物の生存に必要な酸素濃度を満たすにはまだ至っていない．湾東部域と西部域は年変動が目立ち，傾向らしきものは見えない．このことから，海水中の栄養塩レベルの低下がまだ海底水の酸素濃度の改善には至っていないことが推察される．

6-7 貧酸素水塊の影響

基礎生産者である植物プランクトンが多いため，単位面積当たりの漁獲量が大きい大阪湾であるが，湾北部域では海域環境上の問題点も多い．生態系の保全という観点から一番問題と考えるのは，夏季の底層水の貧酸素化である．大阪湾では2月・5月・11月に海底付近の酸素がそれほど著しく低下することはないが，8月には湾奥海域で酸素飽和度が30％（約1.5 ml O_2/l）以下に低下する．この酸素の減少には，海水が停滞すること，赤潮プランクトンや海底堆積物中の有機物の分解による酸素消費など複数の要因が関わっている．正常ならば100％近くある酸素が1/3以下に減ってしまうから，底生動物にとっては大変である．逃げ出せる能力をもつものは慌てて湾奥海域から出て行くであろうが，移動能力に乏しく貧酸素耐性に欠ける多くの種は死を待つしかない．

ところで，わが国の温帯域において，富栄養な閉鎖性内湾に分布する底生動物が貧酸素により逃避や死亡などの影響を受ける濃度については，1.0 ml O_2/l，1.4 ml O_2/l 前後ならびに2.0 ml O_2/l などの数値が報告されている．表6.2に大阪湾によく出現するエビやカニ類稚仔の貧酸素に対する忌避反応を調べた実験結果（実験温度：23.2～24.2℃）を示す．表よりヨシエビ・クルマエビならびにケフサイソガニ稚仔が貧酸素に対して忌避行動を始める酸素飽和度はそれぞれ順に17～26％，26～33％前後，33～44％であると推定され，酸素濃度が低下することの比較的少ない潮間帯に生息するケフサイ

表6.2　大阪湾に出現するエビ・カニ類幼稚仔3種の貧酸素に対する忌避反応

動物名	溶存酸素 濃度 (mlO_2/l)	飽和度 (％)	浸漬時間（分）				
			10	20	30	40	50
ヨシエビ	2.76	54	－	－	－	－	－
	2.25	44	－	－	－	－	－
	1.69	33	－	－	－	－	－
	1.33	26	－	－	－	－	－
クルマエビ	2.76	54	－	－	－	－	－
	2.25	44	－	－	－	－	－
	1.69	33	－	－	－	○	－
	1.33	26	－	－	－	○	－
ケフサイソガニ	2.78	54	－	－	－	－	－
	2.26	44	－	－	－	－	－
	1.7	33	－	◎	◎	◎	○
	1.34	26	●	●	●	●	●

－：忌避反応なし，○：忌避と判定（χ^2検定，$p<0.1$），◎：忌避と判定（χ^2検定，$p<0.05$），●：運動不活発

ソガニが最も貧酸素に敏感であり，次いでクルマエビ稚仔，そして夏季に底層水の貧酸素化が著しい大阪湾湾奥浅海域に分布するヨシエビ稚仔が最も反応が遅かった．一方，貧酸素耐性について，玉井 (1990) はほぼ正常な底生動物群集の維持には周年 3.0 ml O_2/l（水温 23℃，塩分 32.0 psu で酸素飽和度約 60％）以上に酸素濃度を維持することが望ましく，年間最低酸素濃度が 2.5 ml O_2/l（水温 23℃，塩分 32.0 psu で酸素飽和度約 50％）以下の停滞性泥底域では正常な底生動物群集が形成されないと述べている．また，大阪湾湾奥域に出現する代表的な底生魚介類の貧酸素耐性を調べたところ，マコガレイが同海域に卓越するサルエビ・クルマエビ・ヨシエビ・ガザミ・マハゼなどより貧酸素化に弱かった．そこで，大阪湾湾奥域に分布する底生魚介類が生き残るのに必要な酸素濃度をマコガレイが健全に生存する酸素濃度を基準にして検討し，夏季に 1 日以上継続して飽和度 30％（1.6 ml O_2/l）を下回ることがなく，月平均としては 50％（2.6 ml O_2/l）以上に保持するのが望ましいとの結果を得た．なお，これらの研究の多くにおいて，詳細かつ継続的な底生動物群集の変遷と底層水の酸素濃度の追跡を行い，両者の関連をさらに検討する必要があることが指摘されている．

そこで，1999 年 4 月から 10 月下旬にかけて兵庫県西宮市地先から大阪府泉大津市地先を結ぶ線以東の湾奥部で，底層水の酸素濃度とメガベントス（大型底生動物）相の変遷に関して詳細な調査が行われたので，その時のデータを解析し，酸素濃度とメガベントスの種多様度指数（H'：$-n_i/N \Sigma \log_2 n_i/N$）の関係を整理したものが図 6.14 である．なお，図には各調査定線（11 定線）の種多様度指数を $2.6 < H' < 3.9$，$1.3 < H' \leq 2.6$，$0.0 \leq H' \leq 1.3$ の 3 グループに分け，それぞれのグループの海域面積と海底上 0.5 m 層の酸素濃度の全点平均値とが示されている．図から夏季の底層における溶存酸素濃度の減少に対応して，種多様度の低い海域面積が増大することは明らかで，4 月時点では多様度指数 1.5 以下の海域は存在しなかったが，8 月下旬には生物相の貧困な海域が調査対象海域全体の 80％強にあたる 140 km² にまで拡がった．また，生物相が豊富である $H' > 2.6$ の海域面積は酸素濃度が 3.0〜3.3 ml O_2/l を下回った後に激減し（例えば 6 月 3 日：2.97 ml O_2/l，6 月 23 日：3.28 ml O_2/l），

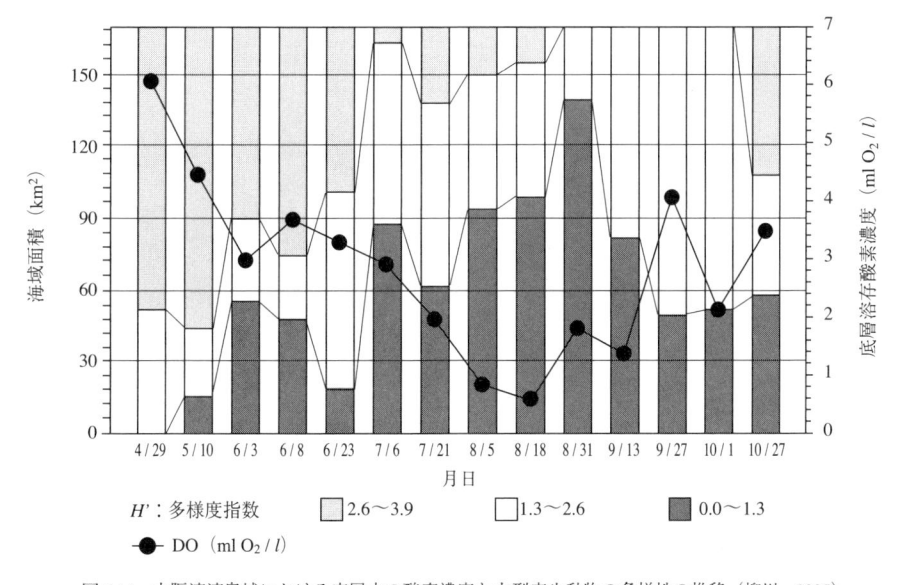

図 6.14 大阪湾湾奥域における底層水の酸素濃度と大型底生動物の多様性の推移（柳川，2005）

8月下旬以降10月27日まで全く出現しなかった．7月上旬から8月末の底層水の酸素濃度は0.42〜2.91 ml O_2/l であり，とりわけ種多様度の高い海域が全く消失し，多様度指数1.3以下の海域面積が最高値に達する8月中旬については，8月18日〜23日の酸素濃度が0.42〜0.72 ml O_2/l と1.0 ml O_2/l を下回る値に低下していた．一方，種多様度の回復については，多様度指数2.6以上の海域が出現しないことなどから10月下旬においても十分とはいえないが，8月末以降から10月中下旬にかけてメガベントス相の貧弱な海域は着実に減少した．この間は底層水の溶存酸素濃度が1.1〜4.0 ml O_2/l であり，酸素濃度が1.0 ml O_2/l を下回ることがなかった．この調査結果と期間中の種類数・個体数の増減から，メガベントス群集と酸素濃度との関係については，多様性が劣化し始める酸素濃度はおおよそ3 ml O_2/l であり，約2 ml O_2/l で種類数と個体数の低下が顕著になり，さらに約1 ml O_2/l で群集が壊滅的な打撃を受け，無生物あるいはそれに近い状況になると考えられた．

次に，港湾域において行った貧酸素水塊を解消し，生き物を甦らせるための試みを紹介する．堺泉北港の最奥部に位置し，富栄養化が進んだ堺出島漁港（水域面積79,635 m^2，最深部の水深約4 m）において，表層の酸素豊富な海水を下層から噴射する水流発生装置を設置し，水温・塩分・酸素飽和度，底質，メガベントスなどを調べ，この装置による環境修復効果を検討した（図6.15）．本装置の日導水量は42,000 m^3 で，約6日で漁港内の海水を交換できる量であり，水流筒中心部は海底上0.8 mに位置するように工夫した．なお，装置から10 m離れた定点の水深2.5 m層における潮止まり時の流速は5.3 cm/sであった．

結果を要約すると，水流発生装置を設置していない1996年夏季の海底上0.5 m層の酸素飽和度は

図6.15　噴流発生装置による貧酸素水塊解消実験

無酸素に近い状況となった．これに対して，本装置を設置した 1998 年夏季は強い貧酸素化が持続することは少なく，一旦無酸素化してもしばらくすると飽和度の回復が認められた．装置の設置に伴い底層水の平均酸素飽和度は，7 月が 10 % から 18 % に，8 月が 3 % から 16 % にそれぞれ上昇した．このように本装置により中下層水の酸素飽和度が増加し，大型底生動物の復活に関して効果らしきものが見られた．すなわち，装置を設置していない 1996 年の出現種類数は 0～7 種であったが 1998 年は 12～17 種に，出現個体数は 0.63 個体/10 m^2 から 32.4 個体/10 m^2 に増加した．個体数の増加に寄与した動物は主としマハゼとチチュウカイミドリガニであり，また有用水産動物であるマコガレイの未成魚やヨシエビとガザミの小型個体が捕獲された．ただ，水流発生装置の設置によってメガベントスは一部復活したが，装置の稼働後も日平均酸素飽和度が 25 % 以下に低下する時もあり，全面的な回復とまでは至らなかった．下層の酸素濃度が低いにもかかわらず一部の大型底生動物が出現した点については，①水流発生装置によって酸素飽和度が時間的に大きく変動し，1 日のうちの一定時間は生存可能な酸素飽和度になった．②観測は港内の最深部近くで行っており，移動能力があるこれらの種は水温的に生存可能な範囲で酸素飽和度の高い浅所へ移動した．③メガベントスの採捕は波打ち際（護岸）から沖合い 35 m までのところで行われ，港内の浅所に一時的に移動または逃避した個体を採取したなどの可能性が考えられる．いずれにしても，このように夏季の港湾域で底層の酸素濃度を上げてやると，生物が復活することがわかった．

6-8　渚の役割（護岸形状）

　大阪府の東部や北部の護岸にはムラサキイガイ（フランス料理などで使われるムール貝と同じ種類）が大量に繁殖し，1989 年の調査では大阪府での全個体重量は 9,600 トン，そのうち身の部分の湿重量が 4,400 トンに達することがわかった．1 万トンタンカー約 1 隻分の貝が大阪府の垂直護岸や消波ブロック護岸などに生息していたわけであるが，このムラサキイガイの現存量は大変な量で，大阪湾の全海底に分布する小型底生動物の 1/4～1/5 の量に相当した．貝は海水中の懸濁物を濾過し，水をきれいにするから，大量に分布することは好都合なことではないかと考えるかも知れないが，やはり 1 種類の貝が場を独占すると問題が起こる．この二枚貝はもともと北方起源であったためか，水温が 28～30 ℃を越え，干潮の時に強い日差しを受け，さらに体温が上昇すると死亡・脱落し，海底で腐ってしまう．

　海底への脱落について，窒素を尺度にして少し詳しく調べた結果が図 6.16 である．貝塚市阪南 6 区の護岸において，当初 1 m^2 当たり窒素ベースで 109 g の現存量であったムラサキイガイが，5 月から 9 月にかけて 1 日当たり 1.92 g の餌を捕り，そのうち，0.26 g と 0.23 g を成長と生殖線の形成に使い，0.95 g を代謝産物として排出し，0.48 g を糞として排泄すると試算された．また，期間中に死亡・脱落する量は全体（成長・生殖腺形成・代謝・排糞・死亡脱落量の計）の 30 % に達し，しかもすぐに分解・腐敗する身の部分が脱落量の 83 % を占めていた．ムラサキイガイが大量に繁殖する大阪湾北部海域の垂直護岸の近傍は，夏季に海底近くの海水が貧酸素化する．このような状況で，上から大量のムラサキイガイが脱落して腐敗し，さらに貧酸素化が進むとしたら，そこに棲む底生生物にとっては死活問題であるに違いない．これを垂直護岸における二次汚濁という．富栄養化した内湾の垂直護

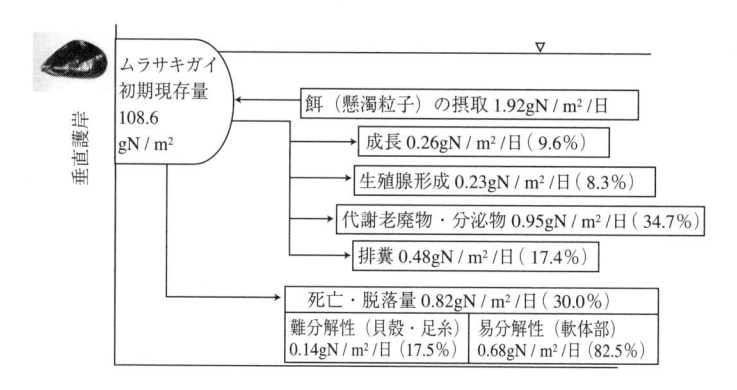

```
                          ┌─── 餌（懸濁粒子）の摂取 1.92gN/m²/日
       ムラサキガイ        ├─── 成長 0.26gN/m²/日（9.6%）
       初期現存量          ├─── 生殖腺形成 0.23gN/m²/日（8.3%）
垂     108.6               ├─── 代謝老廃物・分泌物 0.95gN/m²/日（34.7%）
直     gN/m²               ├─── 排糞 0.48gN/m²/日（17.4%）
護                         └─── 死亡・脱落量 0.82gN/m²/日（30.0%）
岸                              難分解性（貝殻・足糸） | 易分解性（軟体部）
                                0.14gN/m²/日（17.5%） | 0.68gN/m²/日（82.5%）
```

図 6.16　夏季（7〜9 月）の垂直護岸での生物脱落による二次汚濁

表 6.3　夏季の垂直護岸と傾斜護岸における海底への生物脱落
（垂直護岸と傾斜護岸の比較）

年	護岸構造	炭素 gC/m²/日	窒素 gN/m²/日
1993	垂直護岸	57.1	11.1
	傾斜護岸（1：4.7）	24.6	4.4
1994	垂直護岸	47.3	10.3
	傾斜護岸（1：4.7）	5.7	1.1

岸には環境保全上このような問題があり，港湾の物流機能上必要・不可欠な部分を除いて垂直護岸はできるだけ避けたほうがよいと考える．

　そこで，次に垂直護岸と傾斜護岸における二次汚濁について調べてみた（表 6.3）．自然石を使った傾斜護岸は垂直護岸に比べてムラサキガイの生息数が少なく，また夏季の海底への脱落量も垂直護岸の 10〜40％程度に低下することがわかる．この時，調査を行った垂直護岸ではムラサキガイがほぼ単独で優占していたが，傾斜護岸には紅藻の一種であるフダラクが分布し，ムラサキガイと場の占拠を巡って種間競争していた．このように，傾斜護岸では海藻が出現することに一因して，ムラサキガイの大増殖が抑制され，海底への二次汚濁も少なくなると考えられる．

6-9　渚の役割（浅場・干潟）

　干潟には前浜干潟・河口干潟・潟湖干潟の 3 種類あることが知られている．環境と生物の経年変化の項で述べたように，大阪湾沿岸の多くが過去に埋め立てられたが，環境修復を目的として近年，阪南 2 区や堺地先などで人工干潟が造成中である．ここでは，今から 20 年以上も前に造成され，また，毎年 10〜15 万人の来場者がある大阪南港野鳥園人工塩性湿地の事例を紹介する．

　南港野鳥園湿地は，1983 年に大阪南港の埋め立て地内に「野鳥の楽園づくり」を目指して造成された塩性湿地で，北池（4.0 ha）・西池（1.4 ha）・南池（3.8 ha）の 3 つの池から構成される．北池と南池は，基礎地盤としての浚渫粘土の上に海砂を，西池は建設残土を約 40 cm の厚みで覆土し造成され

た．西池では造成当初から外海水が導入されたが，北池は 1995 年に，南池は 2004 年にそれぞれ環境劣化に伴い海水導入管（管底地盤高：北池 D.L. ＋ 0.3 m；南池 D.L. ＋ 0.6 m）が石積み護岸部に敷設され，この導水管や石積み護岸の空隙を通じて海水交換が行われるなど潟湖干潟的特徴をもっている．北池，西池および南池の特徴については，最も低い地盤高は西池で測定された D.L. −0.22 m で，この池は常時冠水し，そのため塩分も 28.5 psu と他の池に比べて高い．北池は西池に比べやや地盤高が高いため，満潮時に冠水し干潮時には多くが干出する潮間帯面積の大きい池となっている．南池はその多くが常時冠水する汽水池（平均塩分 17.2 psu）で，2004 年 5 月の海水導入管敷設工事までは海水交換が殆ど行われない状況であった．このように南港野鳥園湿地の各池は同じ時期に基本的な建設が終了したが，地盤高や海水導入状況が異なる．

表 6.4 に野鳥園湿地造成当時（1982～1983 年）と 2000～2001 年調査時の底質および小型底生動物個体数を比較して示す．なお，湿地造成時のデータについては横山ら（1984）の図表から推算した．淀川河口に近接し，大都市の影響を強く受ける南港野鳥園湿地のうち北池と南池で，時間経過とともに底質の含水率が増加（細粒化）し，有機汚濁指標についても強熱減量が約 6 倍に，全硫化物濃度が「検出できず」から 0.9～1.4 mg S/g 乾泥に増加した．主要な小型底生動物にも変化が見られ，北池ではユスリカが減少し，多毛類が出現するようになった．西池では多毛類とユスリカの個体数が減り，南池ではユスリカの卓越は変わらないが，ヨコエビやワレカラなどの小型甲殻類が認められるようになった．湿重量で表した現存量は西池で低下したものの，他の池では造成当時と同水準または増加している状況が読み取れる．このように底質の泥分が上昇し，還元性物質または有機物濃度が増すなど富栄養化が進行したが，生物量には壊滅的な悪影響が見て取れない．特に北池は 1995 年以降の塩水化の影響もあろうが，冠水と干出を繰り返し，空気または導入海水の酸素とふれるため汚濁指標種のユスリカ幼虫の出現が抑制され，小型甲殻類や多毛類中心の生物相に変化した．南池についても底質劣化に伴い 2004 年 5 月に環境改善を目的として海水導入管の設置が実施された．以上のように野鳥園湿地ではこれまで，環境悪化が顕在化すると外海水の導入という順応的対策が取られている．

表 6.4 南港野鳥園における 2000 年と造成当時との環境特性の比較

		北池		西池		南池	
		1983	2000	1983	2000	1983	2000
底 質	含水率 [%]	18.3	43.0	35.3	37.2	15.3	47.4
	IL [%]	2.2	10.5	5.9	5.9	1.9	8.5
	T − S [mg-dry/g]	0	0.85	0.16	0.72	0	1.35
個体数 [個体/m^2]	ヨコエビ類	3333	9116	22000	11494	0	943
	多毛類	0	1005	15185	1060	0	4
	昆虫類	4741	488	16148	159	5333	8333
総湿重量 [g-wet/m^2]		9.6	23.8	93.2	19.7	5.7	29.3

＊1983 年の値は横山（1984）から引用

鋼管による外海水の導入が図られてから 7 年経過した 2002 年における北池の窒素収支を形態別に表 6.5 に示す．表中の負の値は，2 潮汐間における湿地での物質の固定（消失）を，正の値は湿地での生成（排出）を意味する．溶存無機態窒素と懸濁態窒素はほとんどが流入量＞流出量で，湿地で固

表 6.5 南港野鳥園北池における SS，Chl. a ならびに形態別の窒素収支

	3月	7月	10月	12月
懸濁物質（SS）	−366	−1770	−1344	1100
クロロフィル a	−2.2	−21	−0.83	−0.35
アンモニア態窒素	−22	−1.9	19	−54
硝酸＋亜硝酸態窒素	−144	−75	−139	−71
有機態窒素	79	39	15	57
懸濁態窒素	−57	−61	−27	10
総窒素	−144	−99	−131	−58

単位：mg/m^2/日　　年：2002 年
負の値は湿地での固定を，正の値は湿地からの排出を示す

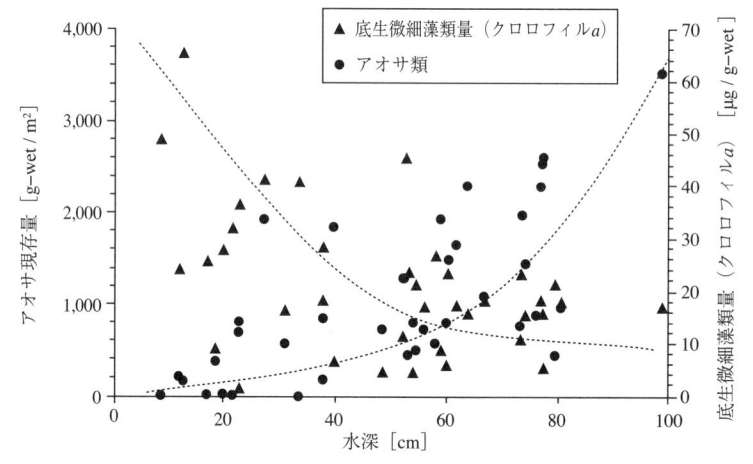

図 6.17　水深とアオサや底生微細藻類現存量との関係

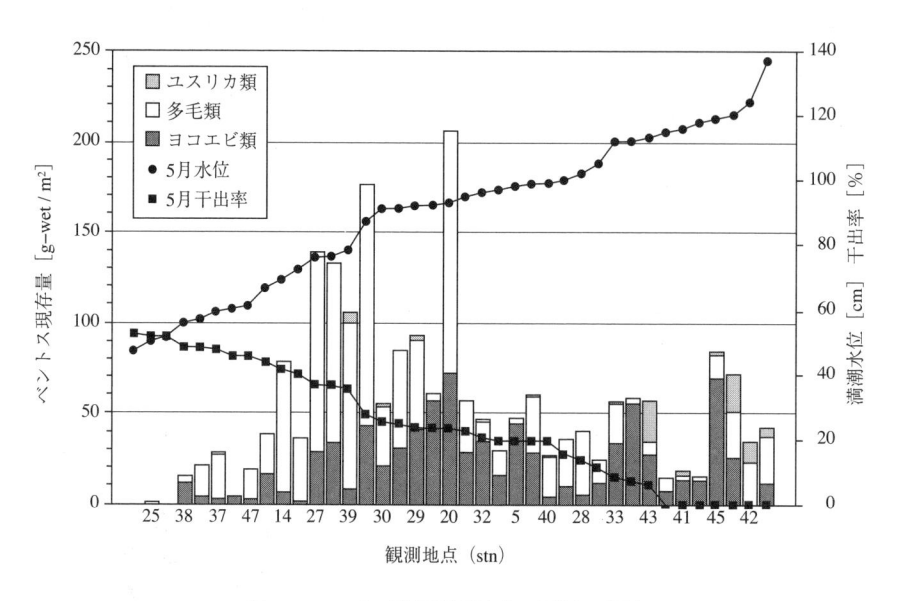

図 6.18　ベントス現存量と干出率・水位との関係

定される傾向が強いのに対して，溶存有機態窒素は鋼管を通じて大阪湾に排出される特徴があった．また，総窒素（T-N）については流入量が流出量の約 1.1 倍あり，北池が溶存無機態窒素や懸濁態窒素を溶存有機態窒素に変換しながらも，総窒素としては固定の場として機能していることが判明した．このうち，溶存無機態窒素の固定には大量に分布するアオサや底生微細藻類が，また懸濁態窒素の固定には貝類やエビ・カニ類の摂餌が深く関与していると考えられる．これらのことは，北池は生態系の崩壊を起こすことなく，隣接海域への窒素負荷の低減に寄与していることを示唆するものであり，これには，①底質の有機物濃度が高いものの水深が小さく，干出と冠水を繰り返し，好気的分解や脱窒機能に優れる．②シギ・チドリなどの野鳥が群生しており，鳥を通じての系外除去が大きい．③ボランティアの参画によるアオサ除去とモニタリングの効果などが関与していると考えられる．また，この 2002 年の北池の窒素固定能（138 mg/m^2/日）は東京湾の三番瀬（約 100 mg/m^2/日）と同程度であり，河口域に近く，富栄養な湾岸域の埋め立て地に造成された人工湿地であっても自然海浜と同程度の水質浄化機能を維持できると考えられた．

　それでは，生態系としての機能（例えば，生物生息や水質浄化）が持続する人工塩性湿地をどのようにすれば創出できるのだろうか？　人間がコントロールできる環境要素には限りがあり，ここでは水位や干出度（＝地盤高）を一つの尺度として藻類や小型底生動物量を検討した（図 6.17 と 18）．野鳥園北池では地盤高が高くなるに伴いアオサの現存量が減少し，底生微細藻類が増加する傾向が認められ，大凡 D.L.＋0.7 m 以上ではアオサと同等または打ち勝って底生微細藻類の卓越することがわかる．また，地盤高と小型底生動物現存量との関係については，D.L.＋0.8 m 以下で小型底生動物の現存量が増加し始め，D.L.＋0.3 m から D.L.＋0.6 m で現存量の極大値が見られた．一方，D.L.＋0.2 m より低い地盤高では汚濁指標生物であるユスリカの割合が増加するので望ましくないと考えられた．この北池ではアオサの過剰な繁殖も問題であり，この解決も考えなければならない．同じ植物ならば，アオサより底生微細藻類のほうが食物連鎖を通じての物質転送（例えば 付着珪藻→イソガニ→野鳥など）が円滑と考えられる．しかし地盤高を高くすると底生微細藻類が増加する反面，野鳥の餌でもある多毛類が減少してしまう．一方，地盤高を低くするとアオサが底生微細藻類に打ち勝って優占し，アオサの大量増殖によるグリーンタイドを形成してしまう．現時点では，アオサがやや増殖するもののアオサ被覆による堆積物表層の嫌気化が起こらない D.L.＋0.4 m から D.L.＋0.5 m（平均干出率約 15 ％）前後が適切な地盤高かと推察されるが，他の環境要素との関係などを含め知見が不足している．

　大阪湾ベイエリア開発機構によると，2003 年 12 月時点で大阪湾臨海部には 2,640 ha もの低・未利用地が存在するとされている．一方，大阪府下の流域下水道によって都市で発生する有機物の海域への負荷がかなり軽減されているが，2001 年ベースで窒素 1 kg を処理するのに 2,300 円以上の経費を要し，また，ノンポイントソースの有機汚濁負荷には対応策がなかなか見つからないとされている．この低・未利用地を，人を海辺に近づけ，賑わいや憩いの場を提供する集客施設の活用を一部考えながら，塩性湿地として再生し，ノンポイントソースからの汚濁負荷に対する浄化を試みる案はいかがであろうか．

（矢持　進）

Q&A

Q1 植物プランクトンに対して動物プランクトンなどによる二次生産が少ないから健全な海域ではないと話されていましたが，なぜ餌が豊富にあるにも関らず二次生産が増えないのですか？

　世界の多くの海では，一次生産に対する二次生産の比は大凡 0.1 となっています．ただ，大阪湾などではこの比が 0.1 より少なくなっています．一定時間内に植物プランクトンによる一次生産が増えたからといって，二次生産者が総て摂食できるわけではなく，また，過剰の一時生産は海底で分解し，貧酸素現象を引き起こして二次生産にマイナスの影響を及ぼす可能性があるからです．生態系の食物連鎖を通じて円滑な物質転送を行うのに適切な栄養塩，植物プランクトン，動物プランクトンの量が必要といえます．

Q2 人工干潟の優れている点と欠点は何でしょうか？

　欠点は，造成コストが高いと言うことや生物相と地形の継続的な安定が得られにくいという点です．優れている点は，曲がりなりにも浅場が造成され，生物が生息する環境や親水空間が提供されるということでしょうか．ですから，人工干潟は豊かな海が残っているところではなく，生態系が劣化した沿岸水域の再生手段として用いるべきでしょう．

文　献

大阪府立水産試験場（1975-2005）：浅海定線調査，大阪府立水産試験場事業報告．
大阪府水産試験場・近畿大学（1993）：渚の環境構造とその役割に関する調査研究報告書，1-144．
城　久（1986）：大阪湾における富栄養化の構造と富栄養化が漁業生産に及ぼす影響について，大水試研報，7，1-174．
城　久（1991）：大阪湾の開発と海洋環境の変遷，沿岸海洋研究ノート，29，3-12．
玉井恭一・永田樹三（1978）：大阪湾底生生物底質調査，昭和52年度関西国際空港漁業環境影響調査報告（環境生物編），日本水産資源保護協会，179-213．
玉井恭一（1990）：底生生物，海面養殖と養魚場環境（渡辺　競編），恒星社厚生閣，69-78．
林　凱夫（1995）：大阪湾の漁業生物，瀬戸内海，2・3，94-98．
村上和男（1998）：閉鎖性内湾の海水交換，水圏の環境，東京電機大学出版局，297-302．
柳川竜一（2005）：大都市河口域に位置する人工塩性湿地生態系の生物生息・水質浄化・物質循環機能に関する研究，大阪市立大学博士論文，1-140．
横山　寿・川合真一郎・小田国雄（1984）：大阪南港野鳥園における底生動物相，大阪市立環境科学研究所報告，46，10-18．

第Ⅲ編

大阪湾の自然再生

　第Ⅰ編および第Ⅱ編では，大阪湾と私たちの生活の関わり，さらに，大阪湾の現況について述べた．大阪湾の環境再生がいかに重要であるかを理解頂けたと思う．大阪湾の環境再生を果たすためには，単に過去の反省のみに因らず，むしろ，次世代へどのような大阪湾を残していくのかを各個人が主体的に考えることが重要である．大阪湾の環境再生，大阪湾の理想像を各個人の問題として考えてもらうため，第Ⅲ編では，大阪湾の環境再生に関する施策や評価方法，事例を学ぶ場としたい．

　第7章では，大阪湾に限らず，広く海域環境再生のための施策を紹介する．第8章では特に港湾域に着目し，湾奥部海域の環境施策の経緯，再生のための基本的な考え方，具体例を紹介する．第9章では，内湾の環境を評価するための基準や指標について述べる．第10章では，大阪湾における環境再生の取り組み事例として，環境修復技術のパッケージ化を図り，複数の技術の組み合わせ（ベストミックス）によって効率よく修復するための事業を提案する．

第7章

海域環境再生のための技術

> 沿岸海域の環境悪化が地球規模で進む中，各国で環境改善や修復再生政策が動き始めたのは1970年代からである．わが国においても，1971年に環境庁が設置されて以来，瀬戸内海を始めとする閉鎖性海域の環境保全対策がとられてきた．しかし，生物多様性を意識した生態系の修復・自然再生の施策が登場するのは21世紀に入ってからである．ここでは，自然再生に向けた国内外の政策動向について歴史的背景も含めて概説するとともに，自然再生を進めていく上で非常に重要な概念であるミティゲーション，さらには環境修復技術の開発を行うための組織体制であるフィールド・コンソーシアムについて紹介することにする．

7-1 自然再生に向けた国際的な動き

　世界の環境政策を起動させた大きな国際会議として，1972年6月にストックホルムで開催された第1回「国連人間環境会議」である．この会議は世界113ケ国の参加による環境問題を世界的に考える最初の政府間会合でもあった．会議の主要課題，「かけがえのない地球（Only One Earth）」は　環境問題が地球規模の課題であり，更にまた，人類共通の課題となってきたことを明示した歴史的な提言であった．一方，この会議で提示された26項目の原則からなる「人間環境宣言」と，109の項目の原則からなる「世界環境行動計画」は，同年に発表された「ローマクラブ」によるレポート「成長の限界」とともに，その後の世界の環境保全や環境政策に大きな影響を与えた．この「人間環境宣言」は，環境問題に取り組む際の原則を明らかにし，人間環境の保全と向上に関し，世界の人々を励まし，導くための共通の見解と原則を宣言したものである．また「成長の限界」は，現在の進行状態で人口増加や環境破壊が続けば，資源の枯渇や環境の悪化によって100年以内に人類の成長は限界に達すると警鐘を鳴らしたものであった．

　以上のように大きな影響力を与えた「国連人間環境会議」は後に，参加国のフィンランドを中心としたバルト海7ヶ国によって1974年に締結された「バルト海海洋環境保護条約」に大きなエネルギーを与えた．更に，同年1972年11月に，ユネスコ総会おける「世界の文化遺産および自然遺産の保護に関する条約（世界遺産条約）」の採択，更に，同年12月の「国連環境計画（UNEP）」の設立の契機になった．しかし，一方では「国連人間環境会議」の意義は，その後生ずる先進国と発展途上国の対立を予期するものでもあった．参考のために，世界の閉鎖性海域の分布と各々の規模を瀬戸内海を基準に比較したものを図7.1に示す．

　北欧最大の閉鎖性海域であるバルト海の海洋汚染改善のためにフィンランドのヘルシンキで開催さ

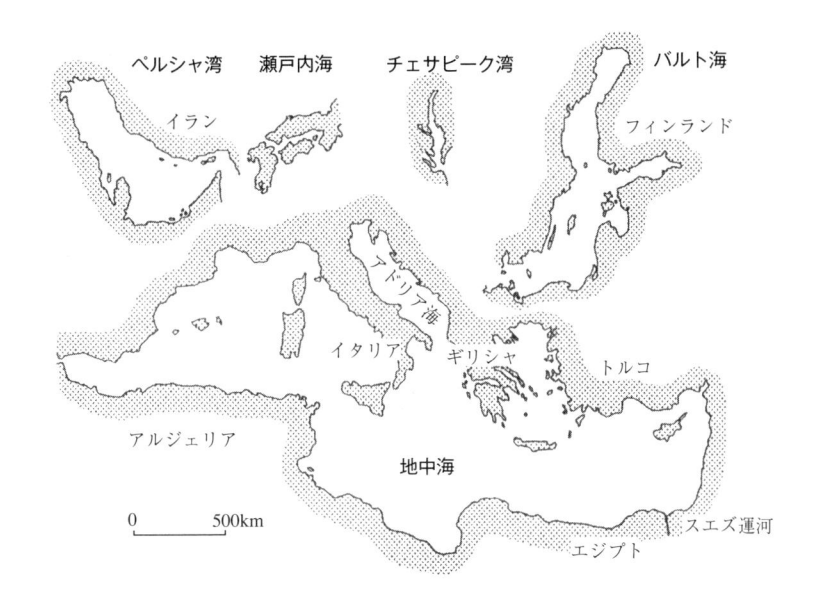

世界の閉鎖性海域の大きさ

	長さ(km)	幅(km)	平均水深(m)	最大水深(m)	湾面積($10^3 km^2$)	瀬戸内海との面積比（倍）
ペルシャ湾	800	300	25	91	239	11
瀬戸内海	400	5〜55	37	450	21	1
チェサピーク湾	320	6〜65	6.5	35	10	0.5
バルト海	1,300	280	55	427	422	20
地中海	4,000	150〜1,600	1,458	4,846	2,969	141

図7.1　世界の閉鎖性海域の大きさ比較

れたバルト海海洋環境保護外交会議において，「バルト海海洋環境保護条約」がバルト海7ヶ国で結ばれた．これが「ヘルシンキ条約」である．このバルト海は瀬戸内海の約20倍の面積をもつ平均水深55 mの閉鎖的な海域で世界最大の汽水域でもある．

　このバルト海での陸起源による富栄養塩（リン，窒素）や農薬の流入，パルプ製紙工場や金属関連工場による有害物質（水銀，カドミウム，鉛，PCB）を含む工業排水の汚染，海域内の油投棄や船舶塗料からの有機スズ汚染が，海域内の水質・底質環境と生態系に大きな影響及ぼしてきた．このため，バルト海の汚染に関わる要因を排除するために，陸域，海，大気，すべての汚染源の管理に言及した最初の国際的な条約がヘルシンキ条約であり，1974年に締結され，更に，1992年に新たに環境行動プログラムとして改正された．ここでは1995年までにバルト海に流入する重金属・有機化合物の量を50％削減するとした政府提言による行動計画が掲げられた．またこのヘルシンキ条約では各国からの代表者からなる「ヘルシンキ委員会（HELCOM）」が構成されたが，この中核に環境管理運営のためのガバナンス（民間機関・科学機関・行政機関・財政機関が一体となった中間組織体）として形成されたのが「HELCOM PITF」であった．この形態と同様なガバナンス機構は，後の1976年に発足

したアメリカの代表的閉鎖性海域である「チェサピーク湾環境修復計画（CBP）」にも設置され，大きな貢献と存在を示すことになった．

その後，世界の環境問題は地球規模へと展開し，1992年にはブラジルのリオ・デ・ジャネイロで地球環境サミット（環境と開発に関する国際会議：国連環境開発会議）が開催された．このサミットでは21世紀に向けた環境と開発に対する課題として「アジェンダ21」が採択された．すなわち，「持続可能な開発のための人類の行動計画としてその後の世界の環境政策や取組の道標」として21世紀の世界に発信された．この17章では，「海域及び沿岸域の保護及びこれらの生物資源の保護・利用・開発」について示されている．また，9章の「大気保全」に関連して「気候変動枠組条約」が，15章の「生物多様性の保全」による「生物多様性条約」がリオ・デ・ジャネイロで調印された．わが国での自然再生推進法の成立や，沿岸海域環境再生の政策に地球サミットでのアジェンダ21が大きく関係することになった．

7-2　国内の自然再生と海域環境再生施策

1）沿岸域総合管理に向けた政策動向

世界の環境政策に対する大きな動きを受けて，わが国の環境政策も急激に進展がなされてきた．1993年には「環境基本法」が制定され，沿岸域の環境管理政策にも大きな改正が進められた．沿岸海域に関連する法制度として海岸法，港湾法，河川法，漁港法などが存在し複雑に海域の使用に対する管理を行っている．これらの法制度が，1997年から防災や防護，治水から環境保護・管理の制度が付加され改正されてきた．

①「河川法」　この法律は1896年に近代河川制度として誕生し，治水利水が中心であった．この制度が1997年に環境を含む総合的な管理制度に改正された．治水，利水においても環境に配慮し，河川生態系の保全，水質管理，水と緑の河川景観の整備が謳われた．海域環境における河川水の環境価値は大きな要因となる．大河川のダム化と生態系環境，治水としての河川床のコンクリート化，生活排水の流入など課題が多い．これらの問題解決をめざしたものが新たな河川制度である．

②「海岸法」　これは1956年に，戦中，戦後の海岸災害が契機で制定されたものである．台風や津波などに対する海岸の防護が主体であった．海に囲まれた日本の海岸線の総延長は約35,000 kmであり，この内，海岸保全区域は14,000 kmでしかなかった．そこで1999年にはこれまでの「防護」に加えて「環境」と「利用」を目的に付加し，調和のとれた海岸管理制度とした．海岸保全区域に一般公共海岸地区14,000 kmを加えて28,000 kmとして国と地方の役割分担を明確化した．コンクリート化した海岸や，埋め立て地で浅場のなくなった海岸を如何に生態系豊かな自然に修復・保全できるか．制度改正は大きな責務を持っている．

③「港湾法」　これは物流基地としての機能整備を主体として1950年に制定されたが，2000年には効率的な物流整備から環境施設の充実を図るため改正された．国内の港湾は約1,000港存在するが，これらの港湾の環境整備を如何に図るかが課題である．2005年には「港湾のグリーン化」の政策が実施され，港湾における水環境の改善，自然環境の再生・創出を推進する事業が展開し，大阪湾の堺泉北港，広島港が対象としてあげられている．

④「**漁港法**」 これは 2001 年に「漁港漁場整備法」に改正され，水産業の健全な発展と環境との調和に配慮しつつ，豊かで住みよい漁村の振興に資することを目的とする．ちなみに，日本の漁港は約 3,000 港も存在する．海域の環境修復の目的の多くは水産の生産力を向上させることであり，将来に向けた具体的な漁港漁場整備事業化が望まれる．

⑤「**沿岸域総合管理法**」 これは，これまで紹介した海洋関連法制度を統一した総合的な法制度を求めるものである．すなわち，前記した各々の法制度は軒並み環境政策を加味して改正されたが，各々の法制度の実行が連携されたものでなく統一的な施策にはなっていない．国内の閉鎖性海域である瀬戸内海や大阪湾，東京湾，伊勢湾を始めとして，日本沿岸域 35,000 km の総合的な管理を如何に進めるかが課題である．前記した 4 つの法制度を一本化して，未来に向けた沿岸域の総合管理のための研究会や検討会が開催されてきた．2000 年には，日本沿岸域学会から「沿岸域総合管理計画の策定に向けて－2000 年アピール－」が提案された．それを受けて，2000 年より国土庁による「沿岸域圏総合管理計画策定のための指針」に対する検討を伊勢湾や瀬戸内海を対象に行った．そして，2003 年 3 月には国土交通省主催の「沿岸域総合管理研究会」から管理施策に対する提言が出された．その間，世界的な動向として国連海洋法条約（1994 年発効）および，前記のリオ地球サミット（1992 年）以来，アジアを含む世界の各国では，「海洋・沿岸域の総合管理」，「持続可能な開発」といった政策動向を背景に，海洋・沿岸域に関する様々な施策を総合的に実施するための海洋政策に積極的に取り組み，関係各国が連携，協働する流れが強まってきた．このため，2006 年に国土交通省は「海洋・沿岸域政策大綱」を策定した．この大綱では，海洋・沿岸域環境の保護および保全の推進や，自然環境や美しい景観を取り戻すことが示されている．現在では，この大綱が日本の沿岸域総合管理法に最も近いものである．さて，諸外国における沿岸域管理制度として，最も先駆的な制度がアメリカで 1992 年に制定された「沿岸域管理法（CZMA）」である．海洋・沿岸域をよりきれいに健全に生産的にすることを目指して，沿岸域管理計画（CZMP）において具体的な活動が示されている．それらは，天然資源の保護，質のよい沿岸水域の管理，開発に対する管理，市民に対するパブリックアクセスの確保，海洋生物資源の包括的管理，ウォータフロントの再開発，歴史・文化・景観の維持が活動計画となっている．

一方，フランスにおいては 1986 年に「沿岸域法」が制定されたが，アメリカとは異なる概念で定義されている．すなわち，管理において開発から自然を守り，かつ有効活用を図るため「3 分の 1 の自然」を確保する概念が位置づけられている．海岸は市民のものであることの「公物概念」が主体となり，沿岸域の特性と資源の確保，生物学的および生態学的均衡の保全，景勝・景観および歴史的遺産の保護，漁業，養殖，港湾活動の経済活動の保護などが，活動の調整目標となっている．アジアにおいては，韓国で 1999 年に「沿岸管理法」が制定され，海洋政策への優先的取り組みや，海洋産業の競争力強化を通じた先進大国の実現を目指すとされている．また，中国でも 2001 年に「海域使用管理法」が制定され，海洋資源を合理的・持続的に利用し海洋経済の発展を促進することを目的としている．

⑥「**海洋基本法**」は，沿岸域総合管理の制度化を中心に動向を示してきたが，沿岸域の政策は更に大きな海洋全体の管理制度に包括される．それが「海洋法」である．1994 年に「国連海洋法条約」が発効され，「北太平洋地域における海洋並びに沿岸環境の保護，管理並びに開発のための行動計画」

を行うことを目的として国際的に採択された．

　日本においては2007年4月に漸く「海洋基本法」が成立し，7月に施行された．内閣に総合海洋政策本部が設置され，海洋政策担当大臣が任命されることになった．海洋立国日本としては大変遅い法制度の成立であった．この海洋基本法を如何に具体的な活動として進めるかの海洋基本計画の策定が大きな課題となる．沿岸域総合管理を包括するものとなることを期待したい．

2) わが国の自然再生に向けた取り組み

　前節で紹介した世界の環境政策に関連する動向の中で，1992年の地球サミットはわが国の自然再生推進法成立までの経緯で大きな意義をもった．特に，生物多様性条約の加盟は大きな効果を及ぼした．2001年に小泉政権のもとに設置された「21世紀『環の国』づくり会議」では，積極的に自然を再生する公共事業として「自然再生型公共事業」の推進が提言され，さらに，「総合規制改革会議」において，自然の再生・修復を地域住民，NPOなど多様な主体の参画により象徴の枠を超え効果的・効率的に事業を進めるための条件整備の必要性が提唱された．更に，2002年3月に「新・生物多様性国家戦略」が策定され，自然再生を今後展開すべき大きな施策に位置づけ，それを受けて，2002年12月に「自然再生推進法」が成立した．

　「新・生物多様性国家戦略」においては，表7.1に示すように4つの理念と7つの提案がなされ，この中に「自然の再生」が位置づけられている．また，関連して，内閣府の総合科学技術会議において，環境分野で第2期・科学技術基本計画環境分野重点課題としてあげられたのが「自然共生型流域圏・都市再生技術研究」（2001～2005）であった．この技術研究のイニシアティブとして表7.2に示す

表7.1　新・生物多様性国家戦略の理念と提案

生物多様性保全：4つの理念	なすべきか：7つの提案
1．人間が生存する基盤を整える	1．絶滅防止と生態系の保全
2．人間生活の安全性を長期的，効率的に保証する	2．里山の保全
3．人間にとって有効な価値を持つ	3．自然の再生
4．豊かな文化の根源となる	4．移入種対策
	5．モニタリングサイト1000
	6．市民参加・環境学習
	7．国際協力

表7.2　自然共生型流域圏・都市再生技術研究イニシアティブのプログラム

第2期・科学技術基本計画環境分野重点課題
「自然共生方流域圏・都市再生技術研究イニシアティブ」：プログラム
1. 都市・流域圏環境モニタリングプログラム 　流域圏における生態系都市の現状について．自然環境基盤（水環境，物質循環，生物多様性等）及び社会基盤（都市河川、沿岸域等）の双方から観測・診断・評価する技術の開発
2. 都市・流域圏管理モデル開発プログラム 　水循環モデルや生態系モデル等各要素モデルの開発と各要素モデルを統合した流域圏管理モデルの開発
3. 自然共生化技術開発プログラム 　水環境に焦点を当て，良好な自然環境の保全と劣化した森林・農地・河川・沿岸等の生態系及び生活空間の修復再生技術開発
4. 自然共生型社会創造シナリオ作成・実践プログラム 　総合的に推進するためのシナリオ構築とそれに基づく実践技術開発

ように，4つのプログラムが実施されてきた．上記の4プログラムにおけるイニシアティブのモデル研究として実施されたのが，表7.3に示す合計31件にもなる登録研究課題（2005年度提案まで）で

表7.3 平成17年度自然共生型流域圏・都市再生技術研究イニシアティブ登録研究課題

No.	担当者	課題名	実施期間	予算計上省/実施機関
1	文科省	沿岸環境・利用の研究開発	平成10年度〜	文部科学省/海洋研究開発機構
2	文科省	環境科学研究（数値環境システムの構築と高度環境分析及び環境モニタリング・保全・修復技術の開発）	平成11年度〜18年度	文部科学省/日本原子力研究所
3	文科省	琵琶湖・淀川水系における流域管理モデルの構築	平成13年度〜18年度	文部科学省/大学共同利用機関法人人間文化研究機構総合地球環境学研究所
4	文科省	環境分子科学研究	平成16年度〜20年度	文部科学省/理化学研究所
6	経産省	地質汚染浄化に関わる微生物の研究	平成13年度〜17年度	経済産業省/（独）産業技術総合研究所
7	厚労省	健全な水循環の形成に関する研究	平成14年度〜19年度	厚生労働省（厚生労働科学研究費補助金）
8	農水省	農林水産生態系の機能再生・向上技術の開発及び流域圏環境の管理手法の開発（流域圏における水循環・農林水産生態系の自然共生型管理技術の開発）	平成14年度〜18年度	農林水産省/（独）農業工学研究所，（独）森林総合研究所等
9	農水省	流域圏における水・物資循環，生態系のモニタリング及び機能の解明・評価（流域圏における水循環・農林水産生態系の自然共生型管理技術の開発）	平成14年度〜18年度	農林水産省/（独）森林総合研究所，（独）農業・生物系特定産業技術研究機構，（独）農業環境技術研究所，（独）農業工学研究所，（独）水産総合研究センター等
10	農水省	流域圏における水・物資循環，生態系の管理モデルの構築（流域圏における水循環・農林水産生態系の自然共生型管理技術の開発）	平成14年度〜18年度	農林水産省/（独）農業環境技術研究所，（独）農業工学研究所，（独）森林総合研究所，（独）水産総合研究センター等
13	国交省	自然共生型国土基盤整備技術の開発	平成14年度〜16年度	国土交通省/大臣官房技術調査課（国土技術政策総合研究所）
14	国交省	閉鎖性内湾の高度環境情報システムの整備	平成14年度〜17年度	国土交通省/（独）港湾空港技術研究所を中心として，国土技術政策総合研究所，武蔵工業大学，東京湾沿岸の地方公共団体等と共同
15	国交省	干潟・浅海域の自然浄化能力の促進による沿岸環境改善技術に関する研究	平成14年度〜17年度	国土交通省/（独）港湾空港技術研究所が中心となり，（独）産業技術総合研究所と共同
18	国交省	東京湾再生プロジェクト	平成15年度〜	国土交通省/海上保安庁
20	国交省	河川・湖沼における自然環境の復元技術に関する研究	平成13年度〜17年度	国土交通省/（独）土木研究所
23	国交省	低環境負荷型外航船の研究開発（うち，ノンバラスト船の研究開発）	平成15年度〜17年度	国土交通省/（財）日本船舶技術研究協会
24	環境省	自然共生型の流域圏・都市再生のための研究 サブテーマ1：都市・流域圏における自然共生型水・物資循環の再生と生態系評価技術開発に関する研究 サブテーマ2：流域圏自然環境の多元的機能の劣化診断手法と健全性回復施策の効果評価のための統合モデルの開発に関する研究	平成14年度〜17年度 平成14年度〜17年度	環境省/慶應大学 環境省/大阪大学
25	文科省	戦略的創造研究推進事業研究領域：「水の循環系モデリングと利用システム」研究課題名：都市生態圏—大気圏—水圏における水・エネルギー交換過程	平成14年度〜19年度	文部科学省/科学技術振興機構
26	文科省	戦略的創造研究推進事業研究領域：「水の循環系モデリングと利用システム」研究課題名：リスク管理型都市水循環系の構造と機能の定量化	平成14年度〜19年度	文部科学省/科学技術振興機構
28	経産省	非環境ホルモン系海水用抗菌剤の開発	平成16年度〜19年度	経済産業省/（独）産業技術総合研究所
29	国交省	都市空間の熱環境評価・対策技術の開発	平成16年度〜18年度	国土交通省/大臣官房技術調査課（国土技術政策総合研究所・国土地理院）
30	経産省	生活環境中の水系微量有害物質の除去技術	平成17年度〜19年度	経済産業省/（独）産業技術総合研究所
31	国交省	海辺の自然再生のための計画立案と管理技術に関する研究	平成17年度〜20年度	国土交通省/国土技術政策総合研究所

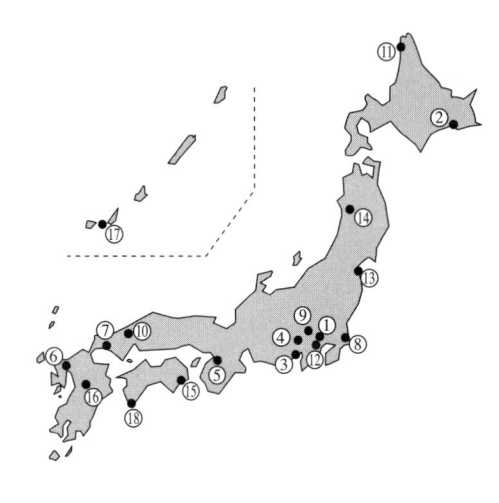

自然再生協議会（設置箇所）の全国位置図　　　　　　　2007.3月現在

	協議会名	設立日
①	荒川太郎右衛門地区自然再生協議会	2003. 7. 5
②	釧路湿原自然再生協議会	2003. 11. 15
③	巴川流域麻機遊水地自然再生協議会	2004. 1. 29
④	多摩川源流自然再生協議会	2004. 3. 5
⑤	神於山保全活用推進協議会	2004. 5. 25
⑥	樫原湿原地区自然再生協議会	2004. 7. 4
⑦	椹野川河口域・干潟自然再生協議会	2004. 8. 1
⑧	霞ヶ浦田村・沖宿・戸崎地区自然再生協議会	2004. 10. 31
⑨	くぬぎ山地区自然再生協議会	2004. 11. 6
⑩	八幡湿原自然再生協議会	2004. 11. 7
⑪	上サロベツ自然再生協議会	2005. 1. 19
⑫	野川第一・第二調節池地区自然再生協議会	2005. 3. 28
⑬	蒲生干潟自然再生協議会	2005. 6. 19
⑭	森吉山麓高原自然再生協議会	2005. 7. 19
⑮	竹ヶ島海中公園自然再生協議会	2005. 9. 9
⑯	阿蘇草原再生協議会	2005. 12. 2
⑰	石西礁湖自然再生協議会	2006. 2. 27
⑱	竜串自然再生協議会	2006. 9. 9

図 7.2　自然再生協議会の設置箇所の位置

ある．

　一方，「自然再生推進法」に基づく「森・川・海」を対象とした流域圏で，自然再生協議会は全国18ヶ所に設置され，2007年までに18のプロジェクトが全国で実施されることになった．それらを図7.2に示す．

　国が直接進める自然再生推進協議会に頼らず，市民の側から立ち上げていく再生事業は実際には大変困難である．そもそも「自然再生とは何か」の定義は，自然再生推進法第2条によれば，以下に示すものとなっている（8章8.3参照）．

> 自然再生推進法第2条：
> 「過去に損なわれた自然環境を取り戻すことを目的として，関係行政機関，関係地方公共団体，地域市民，ＮＰＯ，専門家等の地域の多様な主体が参加して，自然環境を保全し，再生し，創出し，またはその状態を維持管理すること」

　また，その基本理念は以下となっている．

> ● 生物の多様性の確保
> ● 地球環境の保全
> ● 多様な主体が連携
> ● 透明性の確保

　上記の自然再生のための定義に従い基本理念を達成するための事業活動を実施するには，上記に示した多様な主体との連携と，再生達成のための実態組織と技術と評価が必要となる．そこで，図7.3に，自然再生の事業化のために達成すべき必要不可欠な核となる3つの活動項目からなる構成概念図を示した．それぞれの項目の課題を示したのが，表7.4である．再生の前に，失ったものの価値を評価す

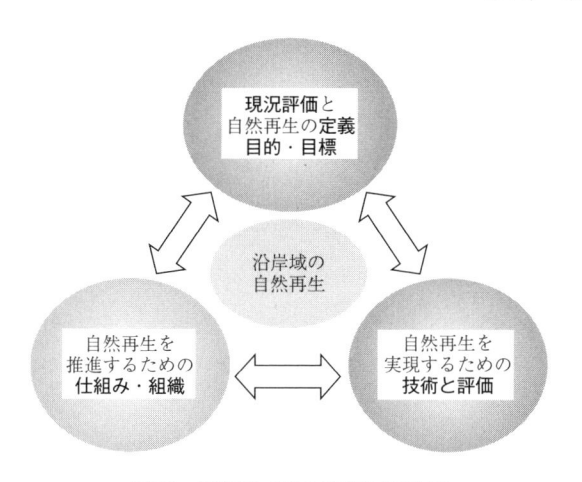

図 7.3 自然再生推進の活動構成概念図

表 7.4 自然再生の取組と課題

現況評価と自然再生の定義目的・目標
◇ 現況評価と認識：何を損ない，何を再生するのか？
◇ 評価手法の確立：何を評価するのか，その手法は？
◇ 目標設定とコンセンサスの確立はどうするのか？
◇ 目標像は干潟や藻場だけで良いのか？
◇ 自然再生が社会的なニーズとなり得るのか？

自然再生を推進するための仕組み・組織
□ どのような施策・事業手法で再生を行うのか
□ 誰が事業主体となるのか
□ 公共事業としての合意形成は可能であろうか
□ 様々な主体による協議体のあり方とは
□ 調査・モニタリングのあり方は

自然再生を実現するための技術と評価
○ 技術・事業自体を評価する
○ 仕組み，評価のガイドラインが必要
○ 技術開発・技術の組合せが不可欠
○ 技術の開発・発展には新たな産業分野の創出が不可

ることが重要であり，誰がその事業活動をするのかが問題である．

3）全国海の再生プロジェクト

自然再生推進法が成立する以前の 2001 年 4 月に，環境，防災，国際化などの観点から都市の再生を目指す 21 世紀型・「都市再生プロジェクト」に基づく施策を総合的に推進するため，内閣に都市再生本部が設置され，2002 年 6 月には「都市再生特別措置法」が施行された．この都市再生プロジェクトの第三次決定（2001 年 12 月）で，大都市の【水循環系の再生】の項目で「海の再生」の行動計画が策定された．水質汚濁が慢性化している大都市圏の「海」の再生を図ることを目的として，先行的に東京湾奥部を対象とし，その水質を改善するための行動計画を策定することが決定した．

その後，2003 年 3 月に「東京湾再生のための行動計画」が策定され，2003 年 7 月には「大阪湾再生推進会議」が設置，そして 2004 年 3 月には「大阪湾再生行動計画」が策定された．この一連の「海

の再生」プロジェクトを，日本の大都市圏をもつ閉鎖性海域を対象に発展的・包括的な施策へと展開したのが「全国海の再生プロジェクト」である．これは2004年6月に策定された「国土交通省環境行動計画」の中で，国と自治体の関係機関との連携で推進される．その背景については図7.4に示す．この政策の一環として，図7.5に示すように，2006年2月と3月に伊勢湾と広島湾の再生推進会議が設置され，その後，再生行動計画の策定に着手され，2007年3月に共に再生行動計画が提案された．

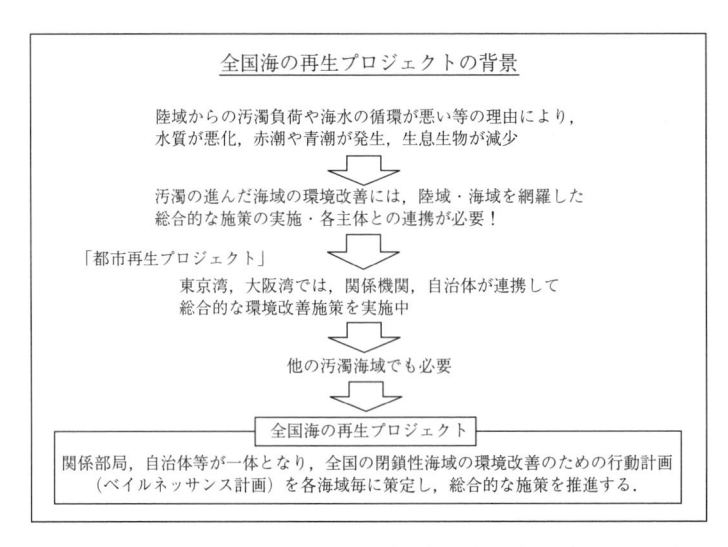

図7.4 全国海の再生プロジェクト設立の経緯と背景（国土交通省資料より引用）

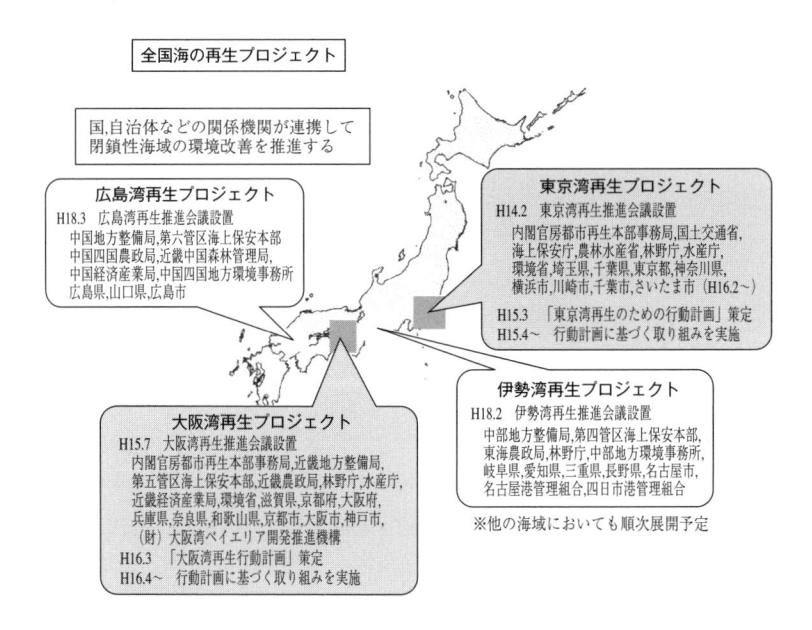

図7.5 全国海の再生プロジェクト実施海域（国土交通省資料より引用）

4）大阪湾の再生事業計画

大阪湾における再生行動計画は 2004 年から 10 年間が計画期間とされているが，その再生の目標は以下の通りである．

①年間を通して底生生物が生息できる底質の DO を 5 mg/l 以上を確保すること．
②海域生物の生息に重要な場として，干潟，藻場，浅場等を再生する．
③人々の親水活動に適した水質レベルとして COD を目的の場所に対応して確保する．
④人々が快適に海に触れ合える場である自然海岸の延長を再生する．
⑤臨海部での人々の憩いの場として海に面した緑地を確保する．
⑥ごみのない美しい海岸線・海域を確保する．

更に，再生の重点エリアを，大阪湾奥の神戸市須磨から大阪府貝塚市までの沿岸域とした．このエリアは埋め立て地に囲まれた閉鎖性海域が多く停滞性が強い水域で，赤潮発生が恒常的に発生し貧酸素水塊が広く存在する海域である．このような海域を対象に再生するために，先行的，モデル的な取り組みが必要となる．図 7.6 にはアピールポイントとなっている活動内容と場所を示したものである．これらの活動は，関係自治体と市民や NPO などの多様な主体によって活動がなされており，これをもとに広域的な再生活動に展開していくことが重要である．なお，現在の「大阪湾再生行動計画」より前に大阪湾で進められてきた港湾における環境再生（修復）に関わる事業としては，表 7.5 に示すプロジェクトが実施されてきた．しかし，これらの事業の成果や定量的な評価は明確ではなく技術的な課題も残されている．これまでの事業の結果を総括し，新たな大阪湾再生事業に役立てていくこと

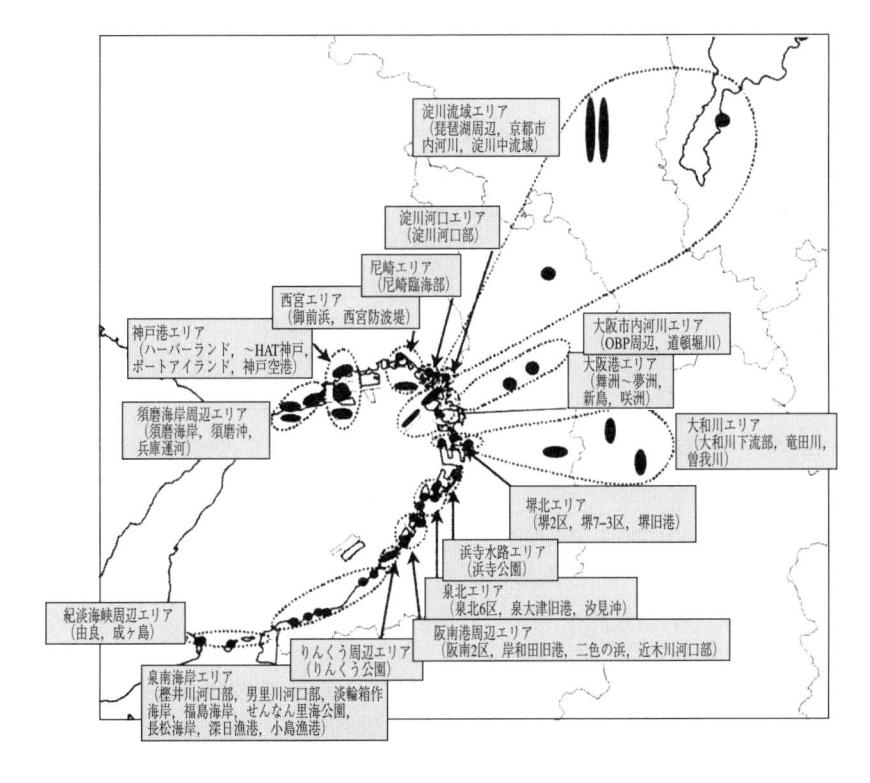

図 7.6　大阪湾再生プロジェクトのアピールポイントと位置

表7.5 大阪湾におけるこれまでの環境再生事業

事業名	施策の概要
港湾公害防止対策事業	港湾における公害を防止するため，公害財特法又は港湾法に基づいて行う事業（公害財特法：公害防止計画又は自治大臣の指定に基づいて実施する浚渫，導水，覆土等．港湾法：港湾公害防止施設を建設又は改良する事業．）昭和47年度より，52港で実施されている．
緑地等施設整備事業	市民に開かれた快適で豊かなウォーターフロントを形成するため，一般市民の水際線へのアクセス，景観等に配慮した美しくアメニティの高い緑地，海浜，広場等の港湾環境整備施設を建設又は改良する事業．昭和48年度より，288港で実施されている．
海岸環境整備事業	海洋性レクリエーション等の海浜利用の増進に資するため，国土保全との調和を図りつつ人工ビーチの造成，遊歩道，植栽等の整備を行う事業．昭和48年度より，146港で実施されている．
海岸環境整備事業（シーブルー事業）	海洋汚染の防除及び海洋環境の保全を図るとともに，特に汚染の著しい内海，内湾（港湾及び漁港区域を除く）において，ゴミ・油回収船により海洋のゴミ及び油の回収を行う作業．昭和49年度より，東京湾，伊勢湾及び瀬戸内海で実施されている．
海域環境創造事業	閉鎖性水域等において，水・底質の改善を図り，自然と生物に優しい海域環境の創造と，親水性の高い海域空間の創出を図るため，覆砂等の工事及び海浜の整備を行う事業．昭和63年度より2海域，8港で実施されている．
歴史的港湾環境創造事業	歴史的に価値の高い港湾施設を保存，活用することにより，周辺を歴史的な情緒の漂う人々の憩いの場として形成していくため，港湾緑地の整備事業等の港湾関係事業を組合わせて実施する事業．平成元年度より，13港で実施されている．
ふるさと海岸整備モデル事業	海岸の保全のみでなく利用面にも配慮して，安全性の向上に加え，景観にも優れ，地域住民が海辺とふれあえる海岸の創出を図るため，良質で多面的な機能を持つ海岸保全施設を整備する事業．平成元年度より，25港で実施されている．
港湾景観形成モデル事業	港湾において良好な景観形成を進めるため，優先的に景観の向上を図る区域を選定し，港湾関係事業を複合的，効果的に組合わせて重点的に実施する事業．平成2年度より，12港で実施されている．
水域利用活性化事業	湾奥部や運河部等水・底質の悪化した水域の改善事業と併せ，緑地整備等の陸域の環境を整備する事業を複合的に実施してアメニティ豊かなウォーターフロントとして整備する事業．平成2年度より，3港で実施されている．
自然環境保全型海岸整備モデル事業	天然海岸に近い景観の確保や生態系との協調に配慮した施設の整備等，特に自然環境等との調和を図った海岸を整備し，国土保全と合わせ港湾海岸の良好な環境の創造を図る事業．平成6年度に制度化された．

資料：「環境と共生する港湾＜エコポート＞，運輸省港湾局（平成6年10月）」より作成

が望まれる．

　先に示した大阪湾奥部の再生重点エリアの中で，特に集中的，先駆的に取組むエリアとして，図7.7に示す「阪神南・西宮・尼崎海域」と「堺沖周辺海域」の2つの海域を選定し，その海域での環境問題を明確にし，再生目標や具体的な再生事業の取り組みについての提案と技術的な検討が行われてきた．これらの海域の環境修復技術の選定と事業化の可能性を検討するため2005年から国土交通省による「大阪湾における環境再生に関する検討会」が設置され，「尼崎臨海部」と「堺浜周辺」には各々の技術検討部会が置かれた．

　□「阪神南・西宮・尼崎臨海域」は淀川河口の西側に位置し，西の宮沖一帯から尼崎港内までの停滞性の強い海域で，港内には下水処理排水による流入負荷量も多く，強い貧酸素海域となっている．この海域周辺の流動場は滞留時間の長い海域でもある．この周辺海域を対象として，流動場を改善し海水交換を促進する技術の検討を行うための「流況制御技術分科会」が設置された．尼崎港内の下水処理場の高度処理とともに放流口の位置と湾内の滞留時間の調整，直立護岸のエコシステム化，尼崎港奥に位置する運河の環境改善のためのシーブルー事業，臨海地域の緑化など，色々な施策の推進が必要である．

　□「堺沖周辺海域」では日本の環境ワーストNo.1の大和川の河口が位置し，埋め立て岸壁により囲まれた堺2区港内の環境は最悪である．この海域の環境修復のために，浅場を造成し干潟機能をオ

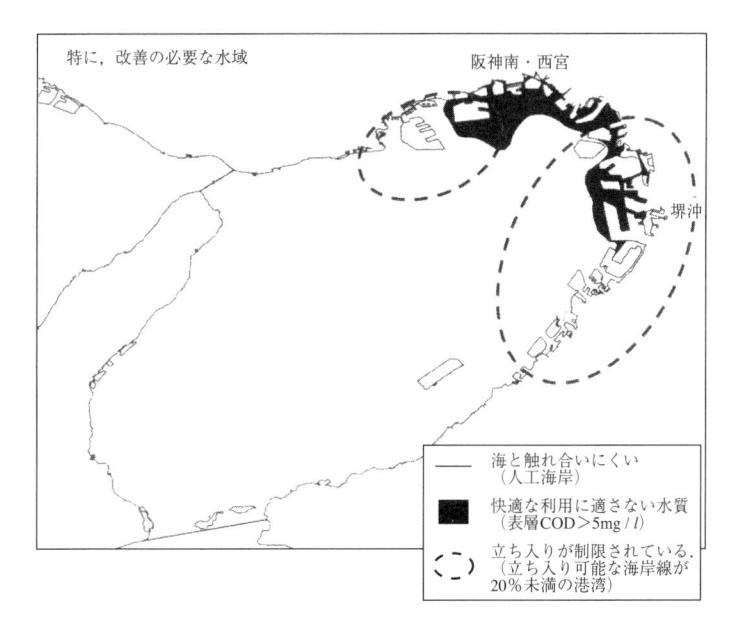

図 7.7 大阪湾再生の重要特定海域

アシス的に創るための技術的な可能性を検討する必要がある．そのために設置された検討会が「汽水域環境改善技術検討部会」である．河口としての浄化機能を再生すること，そして市民の親水や環境学習の場となることが求められる．

表 7.6 に，大阪湾再生行動計画に記載されている，「目標達成のための施策の推進」の中の，「海域における環境改善対策の推進」の課題を示した．「水質改善」と，「多様な生物の生息・育成」に関してこれまで実験や検討されてきた対応技術の推進について列挙されている．

表 7.6　海域における環境改善対策の推進

（1）水質の改善

- ◆覆砂と薄層浚渫の技術開発、底泥有効活用、底泥への硝酸カルシウム添加による微生物活性化など微生物利用検討（堺2区北泊地で実証実験実施中）
- ◆海峡部の強潮流利用の流れ制御、透過型防波堤へ改良、浮体式施設での流況改善検討など、海水の停滞性解消に流況制御などの水質浄化技術の開発推進
- ◆既存構造物の表面の空隙を増加させる改良や潮間帯を設ける改良など、コンブ養殖パネルの直立護岸への設置（浜寺水路で実証実験実施中）などの検討
- ◆赤潮を処理するための海洋環境整備船を活用した装置開発などの検討
- ◆海洋環境整備船で回収された流木竹炭を利用した海水浄化の検討

（2）多様な生物の生息・生育

- ◆藻場・干潟など浅海域の整備（尼崎臨海地区、堺泉北港堺第2区：人工干潟・浅場、神戸空港：人工ラグーンなど、大阪港夢洲等：砂浜や礫浜）
- ◆森・川・海を一体的に捉え、多様な主体による豊かな海を育む森づくりの推進、臨海部の海藻草類の生育に必要不可欠な養分などを供給する森の整備
- ◆既存護岸、岸壁、防波堤などの直立人工構造物に生物多様性確保の環境改善機能付加、新たな整備の場合、当初から環境改善機能を付加（ポートアイランド、新人工島および西宮防波堤などで先導的取り組み推進）

7-3 環境修復技術の開発と効果検証

1）ミティゲーションの概念と活動

沿岸海域の環境再生のためには再生目標を達成する修復技術が必要である．環境悪化にはそれなりの連関する要因があり悪循環を形成している．環境を修復するには，先ずはその環境悪化の要因となる根源（病原）を排除することが先決であり，一方で痛んだ箇所の機能と構造の修復再生が必要である．すなわち，沿岸域の環境を破壊してきた陸域の要因としての生活排水などの負荷源を排除し，悪化した水質・底質・生態系をあらゆる技術を駆使し，技術を組合せて治療をすることが必要である．

環境を修復する大きな概念や制度化は前述した通りの経緯があるが，環境修復についての技術化と体系化は1980年代からである．アメリカから誕生し発達したミティゲーションの概念が環境修復の制度と技術を育てた．そのミティゲーションの概念とは，「開発による自然生態系への被害を最小限にし，損なった環境を復元，開発行為による環境への損失をゼロにするためにとられる活動」である．開発で失われた干潟，海藻，魚類を別の場所で補い，自然の摂理を復元する代償措置や影響緩和措置の考え方である．このミティゲーション概念を具体的な活動として段階的に進めるための「ミティゲーションプログラム（考え方）」を図7.8に示した．

ミティゲーションプログラムでは，実行ステップを2つに分け，ステップ1では自然環境に損失を与えない開発設計を必要条件として，開発計画における事前のマイナスインパクトを回避（avoid）し，設計段階での影響を極限に最小化（minimize）を図る．この段階で開発に対する影響評価がなされる．ステップ2では極限に最小化した不可避な損失を具体的に修復するための活動である．修正（rectify）では，その工事により影響を受けた環境を修復・復元することにより影響を修正する．その過程で予想よりインパクトが大きければ再びステップ1に戻り設計変更する．更に，低減（reduce）では，開発行為の期間中の保存や維持により時間を経て生じる影響を低減または除去する．長期的な影響に対しても考慮する．そして，代償（compensate）では，修正や低減の実施が不可能で，その場所や資源では修復・復元できない場合には，別の場所で代替的に置き換えることで影響を代償する．

以上のステップによりミティゲーション事業が実施されていくが，日本では，ステップ2の行為の

ステップ1	ステップ2
<1>回避・AVOID	<3>修正・RECTIFY
	<4>低減・REDUCE
<2>最小化・MINIMIZE	<5>代償・COMPENSATE

←―― 開発設計に対しての予想損失・forecasted impact ――→

回避・avoid		
	最小化・minimize	不可避損失・unavoidable loss
		ミティゲート・mitigate

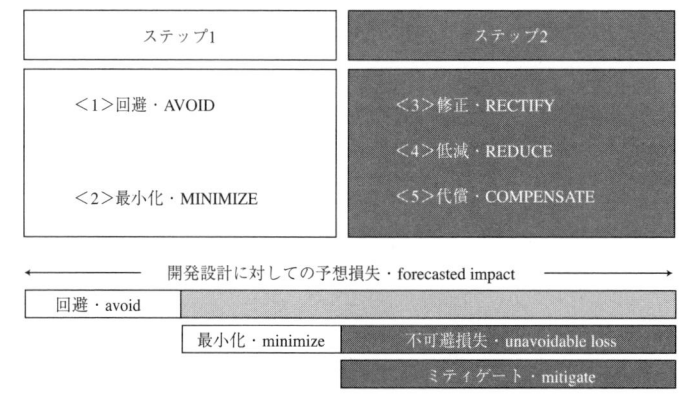

図7.8　ミティゲーションプログラム

みが，ミティゲーションとして理解されている．そこで，環境を修復する具体的な修復技術が「ミティゲーション技術」であり，その技術分野は以下に示すものである．

2）環境修復技術の分野（ミティゲーション技術）

沿岸域の環境修復技術を分類すれば表7.7示されるものとなる（上嶋ら，1991）．修復技術適用の直接的な目的としては，生物生産や生物多様性の回復・促進，水質改善や底質改善であるが，その方法には生態系機能を活用した「生物利用」によるものと，流動場や地形地質の改変制御を物理的・化学的に行う「生物非利用」の方法がある．表7.8には技術分野を「物理的技術」，「化学的技術」，「生物的技術」に分類した場合の各具体的な技術を示したものである．

表中の各手法に該当する具体的な技術としては，多種多様な技術が存在するが，この中には古くから使用されている技術や，最近開発された新技術などが含まれる．これまでの日本の環境修復技術は，1955年以降に国内で大規模に推進された浅海漁場開発事業や干拓事業の時代に，オランダから持ち込まれた浚渫技術や埋め立て・干拓技術などの最新技術の他に，日本で古来から用いられてきた導流堤や澪筋，水路開削などの海水交換促進のための流況制御技術が実用化されていた．これらは農水産業関連の生産性向上に向けた取り組みの国家事業として使用された．図7.9には「流況制御技術」の適用概念と種類を示したものである．現代においては，生態系環境が損なわれている沿岸海域の基本的な生物環境の再生策として，これまでの技術を環境修復技術とし目的を変えることが急務となっている．したがって，前述した各々の修復目的に対応する技術効果と信頼性の確認が不可欠となっている．

表7.7　沿岸域の環境修復技術の分類

方法	目的	環境技術
生物利用	生物生産 生物多様性	人工干潟・浅場 ヨシ原造成
		アマモ場造成
		藻場造成 人工潟湖 人工リーフ 傾斜護岸
	水質改善	人工砂浜 礫間接触酸化提
	底質改善	ベントス利用 微生物利用
生物非利用	水質改善	透過提 曝気型護岸 鉛直混合促進
		作澪 導流提
		エアレーション
	底質改善	浚渫 覆砂 底質改良材(剤)投入

表7.8　環境修復技術の分類と各技術の代表事例

目的	技術内容	具体的対策例
物理的手法	回収・除去 移動・拡散 密閉 地形改変・造成　など	浚渫，覆砂，清掃 砂浜・干潟造成 人工岬・リーフ造成 緩傾斜護岸造成，作澪など
科学的手法	凝集・沈殿 浄化 分解　など	凝集・沈降 固定剤の散布 酸素供給，調整（剤）など
生物的手法	生物増殖・生育場造成 資源増殖 保護・育成　など	浅場・藻場造成 魚礁設置 種苗生産，放流，監視など

（水環境創造研究会，1997）

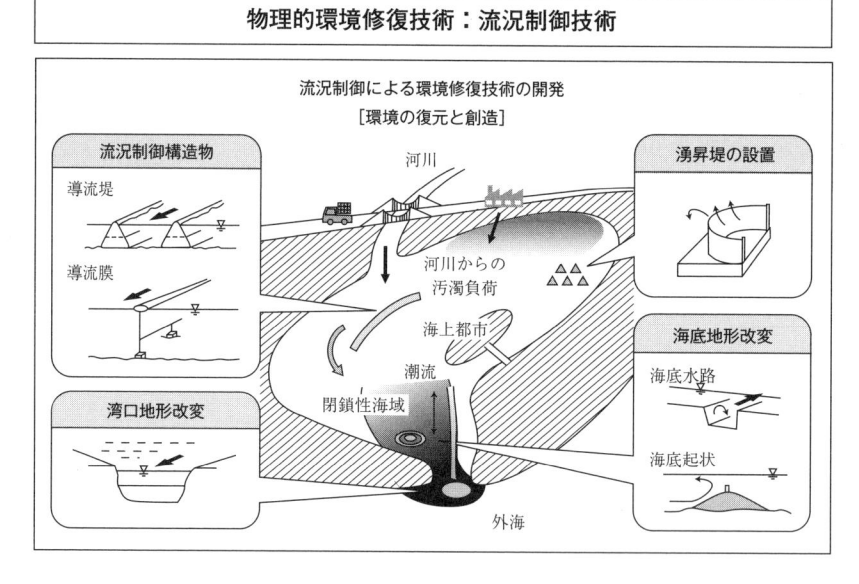

図 7.9 流況制御技術の適用概念と種類

3）環境修復技術の効果実証実験（フィルド・コンソーシアム）

　海域の環境再生に必要な環境修復技術の研究はまだ十分とは言い難く，技術の効果や機能評価の確認が立ち後れている．また，技術の多様性も乏しい．広い海域での使用に対して安全・安心な修復技術が求められる．このためには，各種の修復技術の効果を明確にすることが必要で，対象海域で実際に技術を使用した検証実験が必要である．さらに，海域の環境問題と再生目標に合った技術を選定する上での機能評価や，単一技術でなく機能の異なった修復技術を組合せることによって相乗効果の期待できる「技術の最適組み合わせ（ベストミックス）」を選び，パッケージ化することが重要な課題である．更には，技術の投資対効果を考慮することによって広域的な場への修復技術の適応が可能となる．

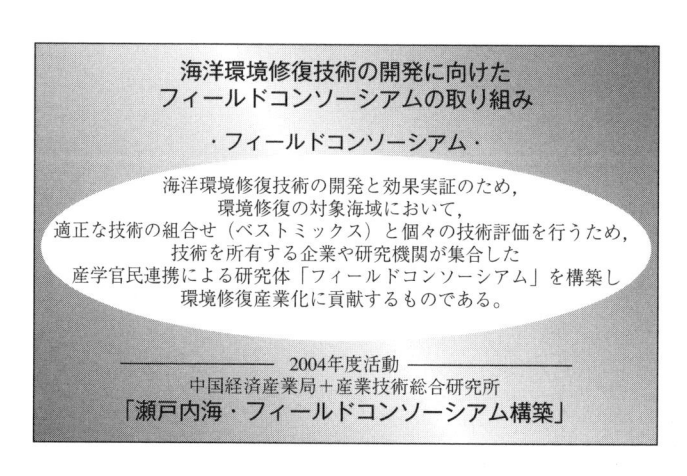

図 7.10　フィールドコンソーシアムの取り組み

そこで，多様な機能をもつ技術を同一海域で使用してお互いの機能を確認し，ベストミックスへの形態を実験的に検証していく技術開発の共同体（フィルド・コンソーシアム）を設けることが有効である．図 7.10 にはフィルド・コンソーシアムの取組みについて示した．

①「尼崎港での効果実証実験」

最初に「フィルド・コンソーシアム」による環境修復技術の検証実験プロジェクトが実施されたのが，後に大阪湾再生の重要エリアとして指定された環境悪化の著しい尼崎港内である．環境省が設立された 2001 年に実施された提案公募型のプロジェクト「環境技術開発推進事業（実用化研究開発課題）」に，（財）国際エメックスセンターから提案応募して採択を受けた課題「閉鎖性海域における最適環境修復技術のパッケージ化」によるものである（上嶋ら，1998a）．研究機関の構成は産官学連携によるコンソーシアムであった．この尼崎港での環境修復技術の実験は国内外にも例を見ない特異な実験的事業で大きな成果を生産した．尼崎港内の同一海域において実験可能な環境修復技術として選ばれた技術は，図 7.11 に示すように，人工干潟，浮体式藻場，エコシステム護岸，石積堤を用いた閉鎖的干潟と，「瀬戸内海大型水理模型」や「尼崎港水理模型」を使用した流況制御技術の適用効果の実験を，2001 年から 2003 年の 3 年間の研究期間の中で実証実験がなされた．これらの実験成果の中で最も大きな成果は，①各々の技術の効果の実証と各技術の組合せによる「相乗効果」が期待できることと，②環境再生の目標に向けた技術資本投資と効果との関係（B/C）が試算できたことである．沿岸海域の環境再生はその場の環境条件が技術と効果を決める大きな要因であり，海域ごとにその環

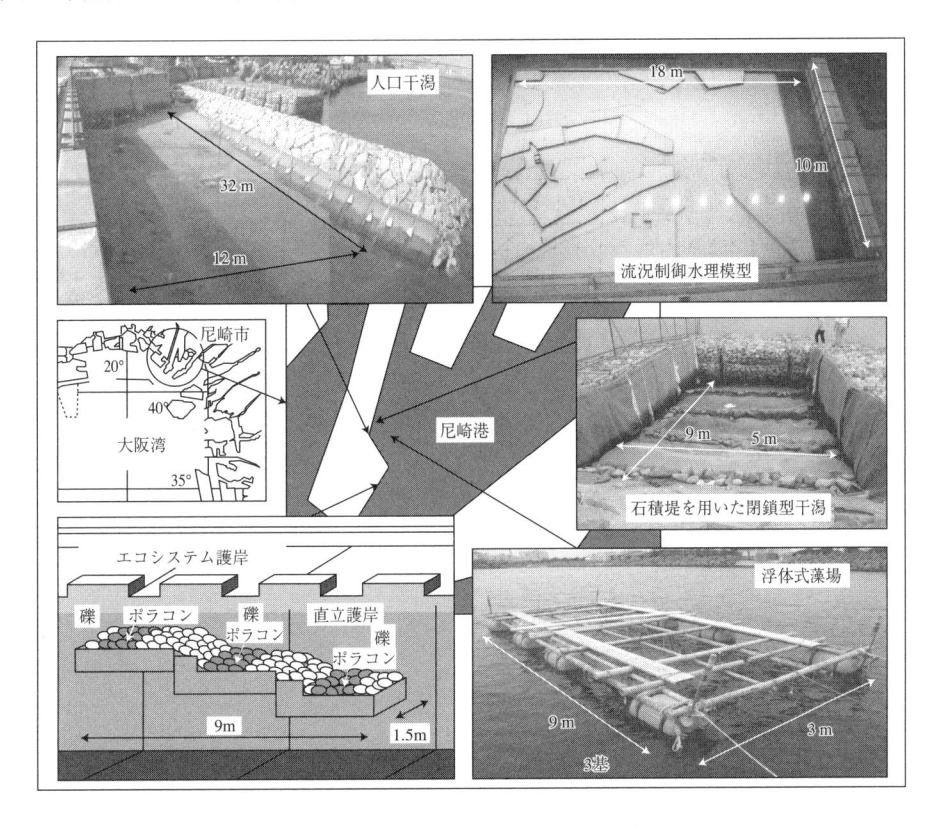

図 7.11 尼崎港内での環境修復技術の検証実験

境特性も異なるため適用技術の検証が前もって必要不可欠となる．また，新たな技術の開発には対象とする実海域で実験を行うことが重要で，それによって実際的課題に対処できる信頼できる技術が確立される．

②「御前浜での効果実証実験」

大阪湾では，尼崎港と同様に埋め立てにより閉鎖的海域となった海域として図 7.12 に示す「御前浜」があげられる．この海域においてもフィルド・コンソーシアムによる技術実証の実験的研究が実施された（中西ら，2001）．本研究プロジェクトは（財）日本生命財団の特別研究助成による「大阪湾奥部における自然の摂理と共生した海陸一体の都市づくりに関する研究」で，2001 年から 2003 年にかけて実施された．研究実施者の構成は NPO 大阪湾研究センターを中心とし，産業界，大学，市民からなるコンソーシアムにより実施された．実証実験では御前浜海域の水質・底質環境の改善のため，環境修復技術の分野の「物理的環境修復技術」として流況制御技術による海水交換促進，風力発電と水流ポンプを組合せた循環流の発生，海水浄化船による海水浄化実験，「化学的環境修復技術」として硝酸カルシウムによる底質改善，「生物的環境修復技術」としてアマモ場の造成技術について実験がおこなわれた．

この研究成果として，物理的環境修復技術では流況制御技術の開発が重要であることや，更に，自然エネルギー（潮汐・潮流・風力・太陽光）の活用技術が停滞域の循環や海水交換に必要不可欠であることが確認されている．現在は，御前浜の環境再生に向けて，市民と兵庫県が中心となって実験的に造成された人工干潟の調査や管理の活動を実施している．

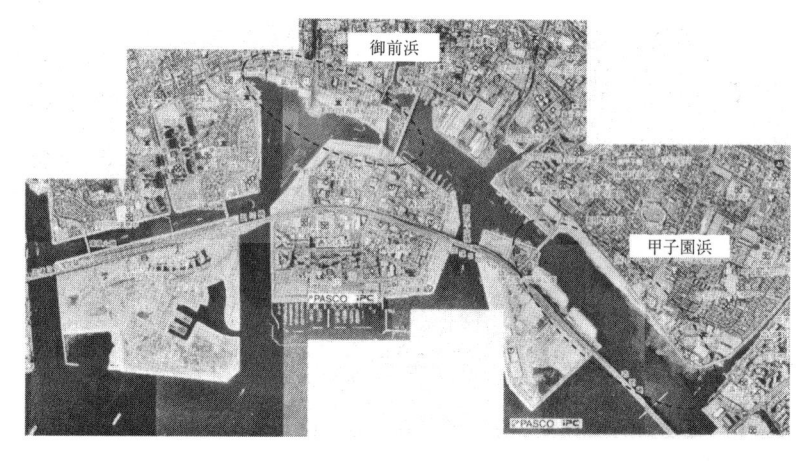

図 7.12　御前浜での環境修復技術フィールドコンソーシアム

③「呉市での効果実証実験」

一方，呉市が主催する「呉地域海洋環境プロジェクト創出研究会」においては，2006 年度から，広湾に新たに造成された港湾施設の岸壁と碇泊海域の区画を使用して，参加している企業や大学，研究機関から各種の環境修復技術を持ち込み，技術の効果検証実験が進んでいる．図 7.13 に示すように，護岸を利用したエコシステム技術，海域での貝殻やリサイクル材による生物生息実験，特殊な藻場造

成技術の実験など，多様な技術が同一海域環境条件で実験が進められ研究機関や大学により評価されている．地域から有用な環境修復技術を開発し全国に展開していく政策であり，フィルド・コンソーシアムの拡大と成果が期待される．

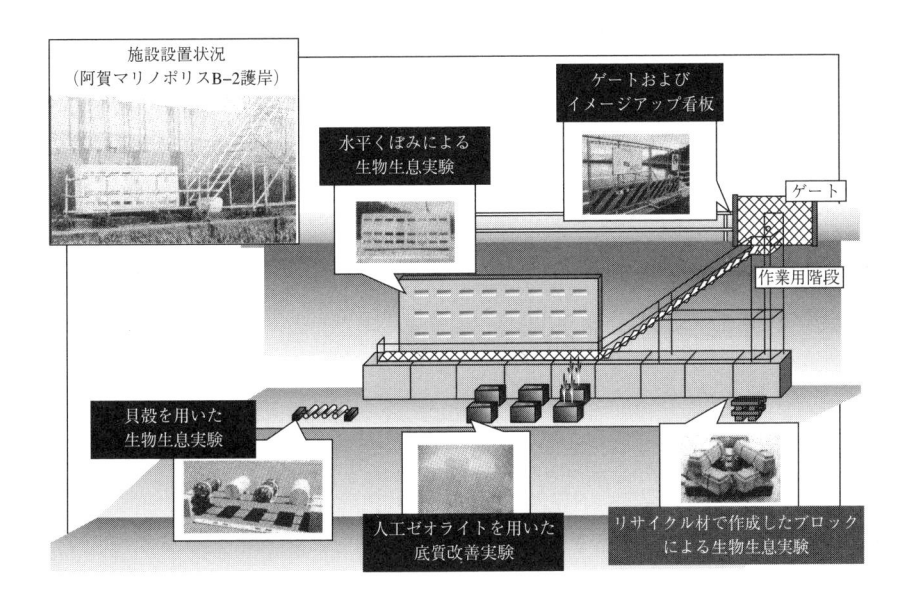

図7.13 呉市における環境修復技術フィールドコンソーシア

④「環境技術実証モデル事業」

環境省は2003年から「環境技術実証事業」を開始しているが，2007年に「閉鎖性海域における水環境改善技術分野」を新たに加えた．この事業を展開するため対象技術分野を選定し，実証機関と対象実証技術を公募し実証実験を行う．この事業により各技術を評価し認定することで信頼性のある技術を社会に出すことができる．国家機関として環境修復技術に対する評価を行うことは，環境修復技術の発展に大きな貢献となり，環境再生事業の事業主体が技術選定を行う上で客観的な技術仕様を作成できる．

7-4 おわりに

わが国は1960年代の高度経済成長期の見返りとして得た「公害」問題に対処するため多くの環境政策が制定され，それなりの努力がなされてきた．しかし，顧みれば，海域に対しては陸からの流入負荷に対する総量規制が主体であり，[End of Pipe]に対する政策であった．これにより工場排水や下水処理場などの排水に対する規制目標は概ね達成したと思われる．しかし，海が川を線として人間社会の生活排水や有害物質を運んでいる実態は改善されていない．海域環境の再生・修復や管理に対する法改正や新制度は前述の通り，1992年の地球サミットを境に立て続けに成立した．突然，「自然再生推進法」が成立したように感じるほど社会は「再生」のための理解と仕組みについては無知であった．ましてや，何を再生すべきかの目標すら実感がなかった．アメリカでは1975年には，全省庁に

跨る環境修復の義務化である「ミティゲーション」が制度化され実施されてきた．壊れたものを基に戻す（復元・修復・再生）ことが当然であることの概念と認識は，今の「自然再生推進法」の中には希薄のように感じる．更には，病気の患者を治すための治療法である環境修復技術の開発と信頼性の評価がまだまだ遅れている．ましてや，技術開発に対する予算が全く乏しく，企業や民間の努力に委ねられている実態である．

　海域環境の再生には政策だけでなく事業実績が必要である．そのためには事業計画と修復技術の効果検証を組み込んだ国家的なプロジェクトが必要となる．更には，地球温暖化やエネルギー政策と連携した森，川，海の環境再生事業が求められる．

〈上嶋英機〉

Q & A

Q1　ミティゲーション事業のための予算としてはどの程度が適当なのでしょうか？

　日本ではミティゲーション事業は制度として，特に義務づけられてはいません．しかし，これまで開発により消失した干潟や藻場を再生する事業が実施されてきました．その中で，国内では最大規模の人工干潟の造成が広島湾奥の八幡川河口で「五日市干潟」として実施されました．1987年〜1990年に42億円の事業費で24 haの人工干潟が作られました．その後の干潟の修復費を加算すれば，その単価は1 ha当たり約2億円となります．アメリカでは湿地帯や海岸でのミティゲーション事業費として，1 ha当たり約5,000万円と1/4の値で修復しています．日本では高い事業費を使っているといえるでしょう．

Q2　大阪湾で「流況制御技術」の適用は可能でしょうか？

　大阪湾の水塊構造は大きく二つに分かれ分布します．それは，埋め立て地が密集し流れが停滞する水域である兵庫県側の神戸から西宮，尼崎，淀川河口，そして　大阪府側の堺・岸和田から泉佐野に至る湾奥部海域．一方，明石海峡から淡路島東岸，紀淡海峡に至る潮流の速い循環流域．以上のように大阪湾には停滞海域と循環流域の二つが存在し，湾奥部の停滞性海域は赤潮や青潮が発生し，溶存酸素DOが低い水塊が恒常的に存在する生態系環境の最悪な海域です．この海域の環境改善を行うには潮流のエネルギーを利用し停滞性海域の流れ環境を改善し海水交換を促進することが，最も合理的な技術です．具体的には大阪湾の流れの速い明石海峡から循環流を利用して「流況制御技術」としての導流堤を設置し，流れを促進することで湾奥部の停滞性海域の海水交換を促進し溶存酸素の高い水塊を送り込むことができます．このことにより生態系環境が回復できるのです．

Q3　大阪湾以外の瀬戸内海ではどのような環境修復事業が行われていますか？

　瀬戸内海全体ではこれまでの埋め立てなどの開発により干潟や藻場などの浅場が減少し，アサリの生産減少や生態系の破壊に繋がる影響が著しくなっています．また，瀬戸内海では2006年3月まで海底から大規模な海砂採取が行われてきたため，藻場減少やイカナゴなどの海底生物減少などに大きな影響を及ぼしてきました．そこで，瀬戸内海全体を対象とした海域環境修復の政策が実施されました．2004年に国土交通省と水産庁により「瀬戸内海環境修復計画」が提示され，1978年以降に消失

した干潟・アマモ場の面積 1,450 ha を 2005 年から 20 年間で 600 ha を回復する目標を設定したのです．一方，海砂採取深みの修復事業として瀬戸内海の海砂採取量の半分に当たる備讃瀬戸の採取跡深地の環境修復事業のために，2006 年から「備讃瀬戸環境修復計画・技術検討会」を設置し，2008 年までに備讃瀬戸の「味野湾」において実験技術の試行が実施されてきました．今後，瀬戸内海で浅場全体の修復事業が進行されることが期待されています．

> Q4 尼崎港対象ののでの環境修復技術の実験で使用された「瀬戸内海大型水理模型」とはどのようなものですか？

　瀬戸内海が死の海と化した時代，1971 年 7 月に日本に環境庁が設立しました．その同年同月に瀬戸内海の環境改善のための研究所として，当時の通商産業省工業技術院に「中国工業技術試験所」が瀬戸内海の中央の広島県呉市に設置されました．その研究目的が瀬戸内海の水質汚濁の解消であったのですが，その研究政策や研究費は環境庁から出資されました．その研究のための実験研究施設として世界で最大級の大きさの「瀬戸内海大型水理模型」が 1973 年 5 月に完成されました．水平縮尺 1/2,000，鉛直縮尺 1/159 の歪み模型で作られ，海底地形は詳細な海図をもとに専門職人が手作りで仕上げた制度の高い三次元海底地形となっています．模型の長さは 230 m，幅は 50〜100 m，高さ 23 m の建屋，面積は 17,200 m^2 です．当時は現在のようにスーパーコンピューターのような電子計算機によるデジタルシミュレータはまだまだ発達しておらず，アナログシミュレータとして水理模型による実験手法が主流でした．世界では，米国のサンフランシスコ湾の Bay Model は瀬戸内海大型水理模型と同等な大きさでした．瀬戸内海大型水理模型は誕生してから 35 年になり多くの研究業績を残してきました．いまだに水理模型の役割や良さはデジタルシミュレータに劣らず，精巧なアナログ地形による流動場の再現性は高いのです．環境問題から津波などの防災に関わる実験にも貢献してきました．このような，偉大な実験施設を今後も環境研究や環境学習のために長く残していければと思います．

文　献

水環境創造研究会（1997）：ミチゲーションと第 3 の国土づくり．
中西　敬・大塚耕司・上嶋英機（2001）：「ミチゲーションを考える」沿岸域に置けるミチゲーションと環境創造技術，水環境学会誌，24，126-131．
上嶋英機ら（1991）：流況制御構造物設置による流況制御技術の効果検証実験—瀬声内海大型水理模型による別府湾・大阪湾での実験結果—，第 38 回海岸工学講演会論文集，pp.851-855．
上嶋英機ら（1998a）：「沿岸の環境圏」，フジテクノシステム，pp.933-943．
上嶋英機ら（1998b）：大阪湾で構想される大規模埋め立てによる流動環境変化に関する研究，海岸工学論文集，45，1016-1020．
上嶋英機（2003）：沿岸域における最適環境修復技術，水工学シリーズ 03-B-7（土木学会・海岸工学委員会・水工学委員会編），pp. B-7-1-B-7-19．
上嶋英機（2003）：閉鎖性海域における環境修復技術の効果検証と最適技術のパッケージ化，土木学会論文集（土木学会編），No.741，Ⅶ-28，pp.75-100．
上嶋英機ら（2004）：「海と陸との環境共生学」，大阪大学出版会，pp.99-178．
（財）国際エメックスセンター（2002）：閉鎖性海域における最適環境修復技術のパッケージ化，平成 13 年度環境技術 開発推進事業［実用化研究開発課題］研究開発進捗状況報告書．

第 8 章

港湾環境再生のための施策

今，自然再生が重要だと認識できるのに，なぜ実際の自然再生事業例（特に行政が主導で行っているもの）がこんなにも少ないのであろうか．それは，自然再生という概念が比較的新しく，十分に認知されていないことや，自然再生を実現するために必要なシステムや知識が不足していることなどに起因すると考えられる．ここでは，港湾環境再生に的を絞って，環境保全から自然再生への変遷と，自然再生の定義，基本的な考え方について述べるとともに，順応的な管理というキーワードを示し，その具体例を紹介したい．

8-1 港湾環境再生の変遷とその背景（環境保全から自然再生へ）

人と環境の関わりについての行動計画の基本，環境保全の方向性については，国連環境開発会議（1992年，リオサミット）のテーマとなった，「持続可能な開発（Sustainable Development）」という考え方が基本になり，ラムサール会議などによって提唱されているICZM（総合沿岸域管理）や「Wise Use」といった考え方に継承されている（Ramsar Convention Bureau, 2005; ピーター・ブリッジウォーター，

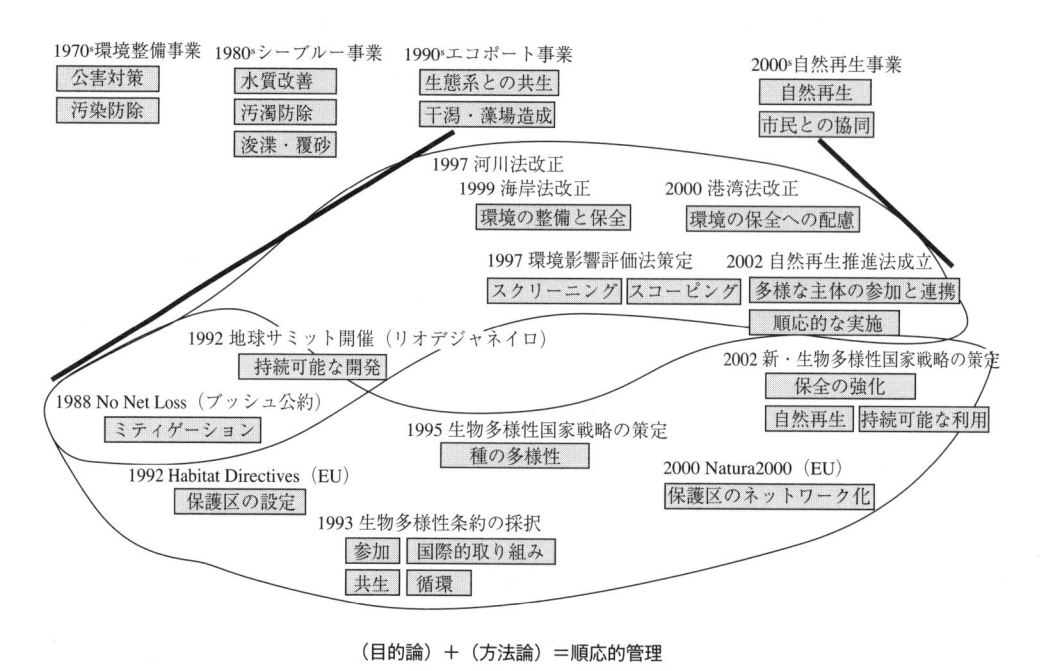

図8.1 環境整備から自然再生にいたる考え方の系譜の試案（古川, 2005）

2005).国内においては,環境基本法(1993年),環境影響評価法(1997年)などにおいて「持続可能な開発」の理念や手法の制度化がなされてきたところである.特に,自然再生推進法(2002年)では,「地域住民やNPO等多様な主体の参加連携の促進」や「自然の不確実性を踏まえた順応的な管理手法の適用」といった2つの視点が強調されている.

一方,保全される環境のあるべき姿を追求する方向性として,1971年に採択された「特に水鳥の生息地として国際的に重要な湿地に関する条約」(ラムサール条約),欧州においては,1979年の「野鳥の保全に関する条例」,1992年の「自然生態系と野生の動植物群の保全に関する条例」を集大成した「生物多様性条約」が1993年に採択され,条約に基づき,各国は生物多様性国家戦略の策定,多様な生物種や生態系の保全,モニタリングなどを行うことになっており,わが国においても,2002年の「新・生物多様性国家戦略」が策定され,「生態系保全の強化」,「自然再生」,「持続可能な利用」が目標に掲げられている.

上記の流れは,環境との係り方(方法論)とそのあるべき姿(目的論)を探る道筋が,関連をもちながらも2つ独立して発達してきた結果,自然再生という方向性を得て統合されつつある過程と位置づけられるのではないかと考えられる(図8.1).以下に,港湾環境施策を例にとり,具体的に見てみたい.

1) 1980年代のシーブルー事業による水質改善への取り組み

1980年代,高度成長期以降に顕在化した有害物質による汚染などに対する規制を含めた公害対策が一段落したものの,富栄養化,赤潮の発生,悪臭,底層水の貧酸素化など有機物質による「汚濁」は改善されていない時代に,シーブルー計画は策定された(シーブルー・テクノロジー研究会,1989).それは,個別具体のシーブルー・テクノロジーとして提唱される海水浄化技術を組み合わせて,利用形態に応じた清澄な水質環境を実現することを目的としたものである.

シーブルー事業を総括すると,環境修復を目指した個別政策の実施であったと位置づけられる.その目標は水質(透明度,COD)の回復であり,事業による環境の「改変」と「創造」による「環境改善」を目指していたと位置づけられる.そうした段階においては,局所的な現象解明に重点が置かれ,施策の個別評価のための技術開発が優先して行われた(図8.2).

図8.2 シーブル事業のイメージ(覆砂)

2) 1990年代のエコポート政策による生態系との共生の方策を探った時期

1990年代に入り,運輸省はエコポート政策を策定した.エコポート政策においては,水質の「汚染」は少なくなってきているものの,いまだ改善されない「汚濁」に対しての環境改善の方向性に関する

理念が提示された（運輸省港湾局，1994）．各事業者がそうした理念に合うように，地域性を考慮して具体の方策を立案するという性能規定型の環境改善方策が導出されることを目的としたものである．すなわち，自然生態系の「改変」・「創造」から一歩踏み出した「機能の強化」を目指した大きな変化であったと位置付けられる．

こうした「機能の強化」を目標とするためには，機能の定量化をする必要があり，環境シミュレーションや生態系モデルの役割も，個別施策の評価から，施策による場の機能の変化の評価や予測に重点がおかれるようになったといえる（図8.3）．

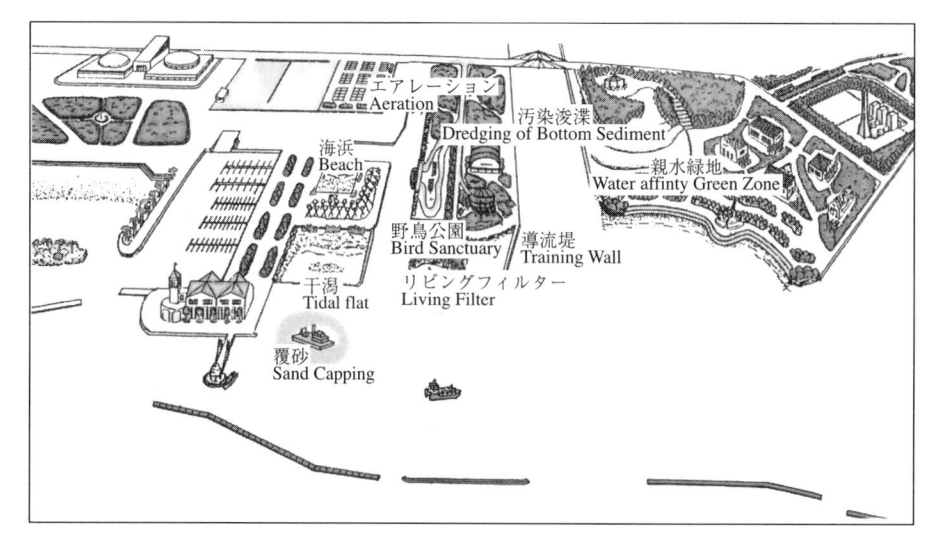

図8.3　エコポート政策のイメージ

3）自然再生事業

1999年12月に港湾審議会から経済・社会の変化に対応した港湾の整備・管理のあり方についての答申が出された．その中で物流面などばかりでなく，自然環境・環境配慮などの面からも広域的視点の重要性がクローズアップされている．つまり，環境問題のマクロ化である．それと同時に，干潟や藻場といった生態系の創出を含む環境保全・創造のための生態系機能の評価や推定といったミクロ化された環境問題も重要な検討課題と指摘されている．

そうした背景を受け，国土交通省港湾局では『環境と共生する港湾（エコポート）を目指し，豊かな生態系を育む自然再生型事業を総合的に展開する』とした，港湾環境政策2001を発表した（港湾局，2001）．自然「再生」に向け，「強化」「創造」された生態系が機能し，自己回復力を発揮できるための管理手法，システムについて検討が始まったところである．

こうした流れは，開発事業に伴う環境影響評価の結果の善後策としての環境施策と，環境目標の達成を目指した環境改善環境保全・自然再生型の環境施策の2つが独立して考えられてきた港湾における環境施策が，海の自然再生におけるPIの実施や，順応的な管理手法の適用により，ゆるやかに統合されつつある段階に入ったと考えられる．

8-2 自然再生の定義

自然再生に対して抱くイメージや期待する事業は，主体や地域，時期などによって異なっている．ここで，国内外における自然再生の定義について，国際航路会議および，自然再生推進法における検討例を示し，自然再生のプロセスについて考えてみたい．

1）国際航路会議（PIANC）の例

欧州を中心とする国際社会に向けて，外航・内航の港湾・航路整備についての技術指針を発信している国際航路会議の「湿地再生についての技術ガイドライン」の中では，表8.1のように，改変・創造・改善・修復・強化・再生（狭義）・再生（広義）（原文は，Reclamation, Creation, Remediation, Rehabilitation, Enhancement, Regeneration, Restoration）が定義されており，再生は，これら人間活動による自然への働きかけすべてを含む上位概念として定義された（PIANC, 2003；古川，2005）．ここで，特徴なのは，「改変」も「再生」の中の一形態として位置付けられていることである．改変も修復や創造，再生といった一連の努力の線上にあり，ただ目標が異なるだけであるという位置付けとなっている．

表 8.1 自然再生にかかわる言葉の定義（PIANC, 2003 より作成）

	湿地の環境を改善し，造りだし，変化させることを "Restoration" と呼び，以下のような活動を含む概念として用いる．
Reclamation	人手により水域を平均水面以上の陸域に変えること（改変）
Creation	人手によって湿地でない場所を湿地とすること（創造）
Remediation	汚染された湿地における汚染物質の浄化（改善）
Rehabilitation	損害を受け，制限されている生態系の機能を人手により修復すること（修復）
Enhancement	存在する湿地に対し，利用者にとっての価値を創り出すこと（強化）
Regeneration	かく乱後の自然の再成長（再生）
Restoration	上記概念を含む人間による生態系の持続性を回復させるための活動（再生）

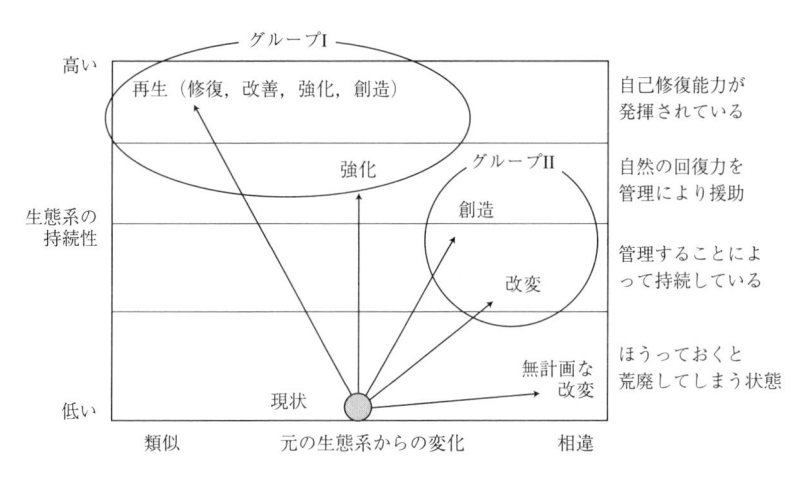

図 8.4 自然再生の概念図（国際航路会議の例）

こうした再生の概念を図で示すと，図8.4のように示される．グループⅠでは，現状の環境条件から生態系の持続性の高い状態に変化させ，かつ，従来存在した生態系に類似したものを「再生」する「再生，強化，修復，改善」といった方向性をもつ．一方，グループⅡでは，現在の環境条件よりも生態系の持続性の高い状態を目指すものの，人的な管理などによりその回復力を助ける場合であり，従来存在した生態系と必ずしも一致しないものを「再生」する「改変，創造」といった方向性をもつ．こうした方向性には，どちらが優位であるといった序列は存在せず，目標の立て方（価値の付与の仕方）により，再生の方向性が変化するということを表している．すなわち，「開発」（改変や創造）と「再生」は，決して対立概念としては扱われていないのである．

2) 自然再生推進法の例

2003年1月に自然再生推進法が施行され，同年4月に自然再生基本方針が出された．この中で，自然再生の定義がなされている（7章 7-3-2) わが国の自然再生に向けた取り組み 参照）．

特徴的であるのは，前出の定義と比較して，「保全」や「維持管理」を含めたより広範囲な定義となっている一方で，目的が「過去に損なわれた生態系その他の自然環境を取り戻す」ことと限定されていることである．図8.4のグループⅠが自然再生推進法における自然再生として定義されていることがわかる．

ただし，自然再生基本方針においては，「自然再生の方向性を考える際には，地域の自然環境の特性や社会経済活動等，地域における自然を取り巻く状況をよく踏まえるとともに，これらの社会経済活動などと地域における自然再生とが十分な連携を保って進められることが必要」であることが示されており，目標のグループⅡへの拡張もありうるとも解釈できる．どのような自然再生を目指していくべきなのかは，今後の事業の適用例の積み重ねにより明確になっていくのかもしれない．

3) 自然再生のガイドライン

上記のように，自然再生を目指すための個別具体の目標は，それぞれの地域性，場の特殊性などを考慮して立てられるべきである．そのためには，予め決められた統一的な目標を設定するのではなく，目標設定のための前提条件が重要になってくる．例えば，国際航路会議の「湿地再生についての技術ガイドライン」においては，

- ・再生することの前に，まず保全する手立てがないか検討する
- ・常に流域圏のスケールを意識する
- ・長期的な管理が必要であることを認識する
- ・再生のプロセスには，地域住民，関係者の参画が不可欠である
- ・近隣，遠隔地への影響も考慮する
- ・順応的管理手法が有効である
- ・ 明確な目標設定，評価基準が必要である

などが，目標設定のためのガイドラインとして示されている．そして，その実現の鍵となるプロセスとして，戦略的計画の立案と順応的管理の実現の重要性が指摘されている．

8-3 自然再生の3つのキーワード

前節までに紹介した自然再生に取り組むために，特に必要と考えられる以下の3つのキーワードを導入する．
・自然再生における適材適所
・継続的なモニタリングやフィードバック（順応的な管理）
・自然科学的条件ばかりでなく社会的背景への考慮

1） 自然再生における適材適所

自然再生を行う際に，再生しようとする生物や生態系が要求する環境条件を十分に理解し，適材・適所的な再生を行っていくことが大切である．しかし，それは，単純に適地マップで議論が終わるほど単純な作業ではない．例えば，東京湾でのシーブルー事業実施場所の選定や，グレートバリアリーフにおける再生（管理）手法を参考に内在する難しさを検討してみる．

①東京湾奥部環境創造事業技術検討会の試み

干潟再生の具体化の検討事例の1として，開発保全航路である中ノ瀬航路の浚渫土砂を利用して，自然再生に取り組む直轄シーブルー事業の事例を紹介する．

当該事業は，「かつての東京湾の様に生き物が豊かで，人々が身近にふれあえる海を将来にわたって創出する」ことを基本理念とし，水質環境が悪化している東京湾奥部の再生を図るため，東京湾口航路（中ノ瀬整備事業）で発生する土砂を有効活用し，覆砂造成や干潟造成の整備を行い，水質・底質の改善を図り，自然と生物にやさしい海域環境の創造と親水性の高い海域空間を創出すること」を目的とし，当初，80 m^3 の砂質の浚渫土砂の発生を見込んで，東京湾奥地区での海域環境創造事業が計画されていた．そのメニューとしては，干潟造成や浅場造成，ラグーンの形成などが検討されていた．

本事業においては，東京湾奥部環境創造事業技術検討会によりその目標，対象海域の選定，事業手法の選定などの検討が専門家および事業者，関係自治体の参画のもと行われた．

「生き物が豊か」で「身近にふれあえる海」すなわち，アサリばかりでなく，水鳥なども含めた多様な生物が利用し，市民が汀線付近で水や生き物に触れ合える環境を目指すという目標設定とともに，「できる所で，できることから，少しでも早く」という実効方針が設定された．

場所および対象事業の絞込みに当たっては，上記の目標および実効方針とともに，三段階のスクリーニングが行われた（図8.5）．一次スクリーニングでは，既に環境が劣化している場所を優先した場所選びが行われた．具体的には，事業地を23ゾーンに分け，底質，水質，底生動物，環境の連続性，保全上重要な生態系の有無などを基準とし，「環境保全・修復・再生が望まれる海域」が抽出された．二次スクリーニングでは，抽出された海域で浚渫土砂の活用によって，事業によって海へのふれあいが向上する海域，効果が持続する事業形態，環境機能の向上が図られる場所といった条件をもとに，「環境保全・修復・再生の効果が高い海域および事業形態」が選定された．三次スクリーニングでは，事業者が事業実施可能性について地元自治体との調整の中で計画の調整が行われた．

最終的に，舞浜の東側に位置する千鳥沖において，

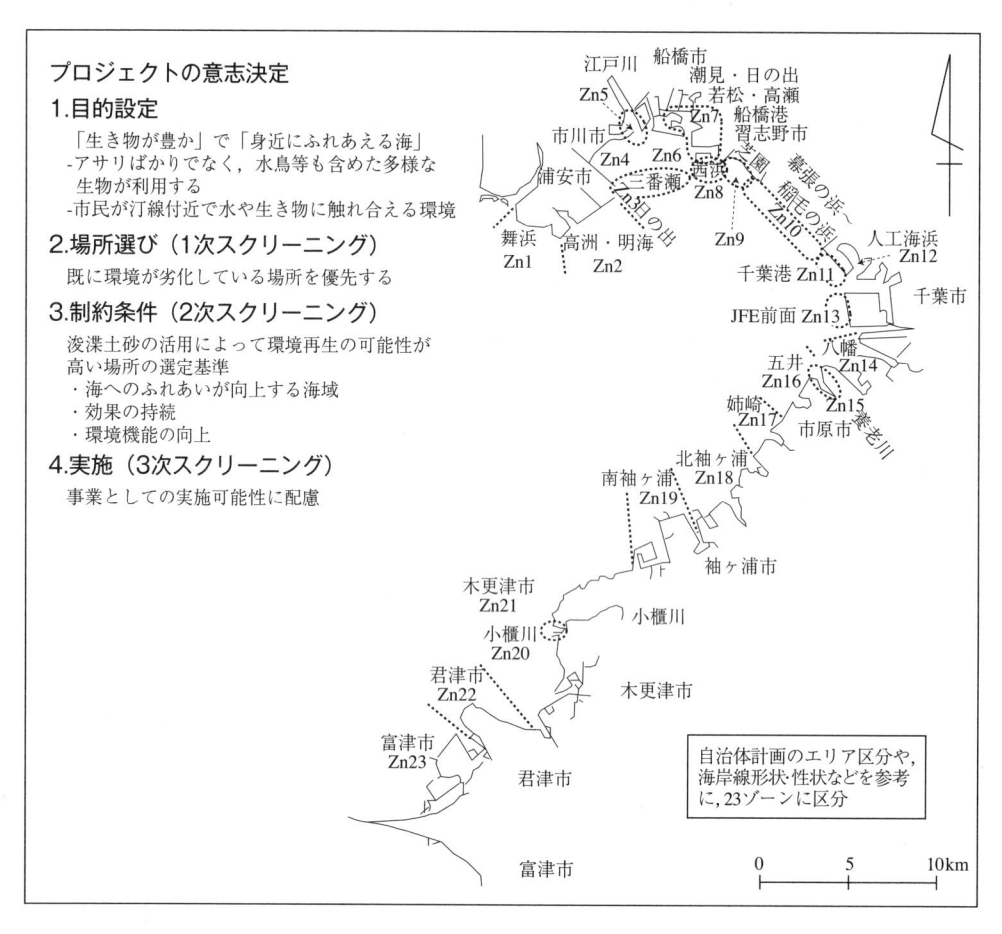

図8.5 東京湾奥部環境創造事業技術検討会におけるスクリーニングと検討ゾーン

・事業年度　平成17年度～平成19年度
・使用土砂量　約400,000m^3（中ノ瀬航路浚渫土砂活用）
・再生方策　覆砂

の事業として実施されることになった．本事業においては，

・材料の選択：浚渫土砂の活用
・広域のゾーニング：一次スクリーニング
・自然再生のメニュー：二次スクリーニング
・狭域のゾーニング：二次スクリーニング
・施工手法：三次スクリーニング

といった各工程の検討が，公開された議論を基に進められてきた．多様な主体が様々な角度から検討した包括的計画としての側面，今後のモニタリングを含めた順応的管理の適用の可能性をもった自然再生事業として，東京湾再生のための行動計画の一つの具体例として，本事業の意義があると思われる．

②グレートバリアリーフ海洋公園のゾーニング

グレートバリアリーフ海洋公園は，豪州の東岸約 2,500 km に広がる 2,900 のサンゴ礁，1,000 の島からなる広大な海洋公園であり，1981 年に世界遺産に指定されている．

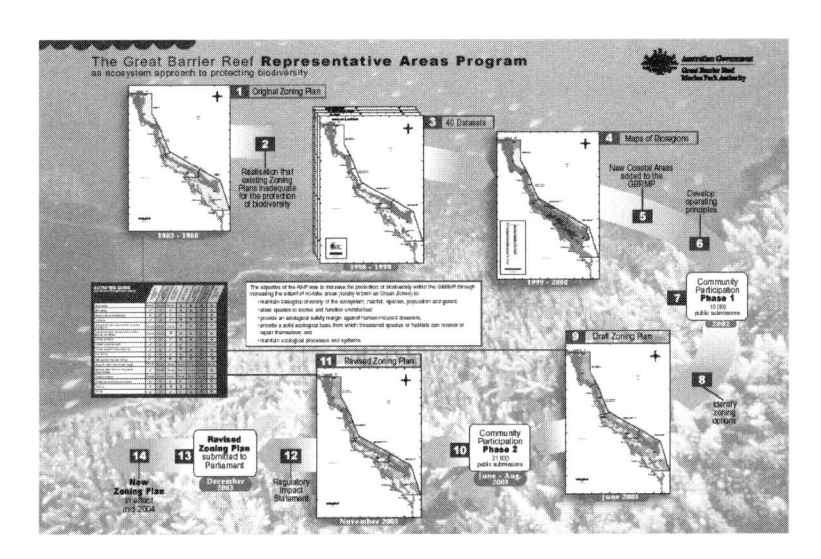

図 8.6 豪州 グレートバリアリーフ海洋公園局による順応的管理の例
(http://www.gbrmpa.gov.au/ より)

この公園は，グレートバリアリーフ海洋公園管理局（GBRMPA）によって管理されている．GBRMPA はこの場を単に海洋公園として保全するのではなく，多様な利用を許す生産の場として位置付けている．その管理方法は，ゾーニングによる利用形態の調整であり，1990 年には，こうしたゾーニングの第 1 号となるグレートバリアリーフ，ケアンズ地区のゾーニングが完成し，2004 年度中の施行を目指してゾーニングの改定作業を行ってきたところである（図 8.6）．

この中で，ゾーニングプランの提示とそれに対する意見聴取が主な行動となるが，プランの提示にあたっては，官公庁事務所での配布，沿岸の町村に GBRMPA の職員が出向いて行う説明会，Web サイトでの提示が行われた．その結果，2002 年の第 1 段階の住民意見聴取では 10,190 の意見提出を受け，2003 年の第 2 段階の住民意見聴取では 21,500 の意見提出を受けて，現在議会での審議を受けている．こうした徹底した意見聴取とそのための入念な準備および作業が住民意見の収集に役立っていると考えられる．

また，GBRMPA は，当該公園の管理のために 1994〜2019 年の 25 年戦略計画を発行し，政府・NGO・代表機関による年ごとの個別評価，5 年ごとの計画戦略の評価もおこなっている．

こうした取り組みは，計画段階における住民の意見反映による順応的管理の先駆的な取り組みとして位置づけられる．特に，その順応的な管理を反映させる対象が，ゾーニングプランという目に見えるものであることが，関係者間での合意形成のわかりやすさや住民の積極的な関与を助けていると考えられる．すなわち，順応的管理において，多くの関係者を巻き込んだ合意形成を実現するために，科学的・技術的に説得力のあるアウトプットの創出が重要な鍵であると言えるのではないかと思われる．

2) 継続的なモニタリングやフィードバック（順応的な管理）

環境の再生目標は，そのときの自然環境条件によって影響を受けるだけでなく，社会的，経済的条件の変動によっても，変化する必要があるのではないかと考えている．そのときに，変化する目標を見直しながら事業を実施する手法として，「順応的管理」手法が着目されている．本節では，その定義と「東京湾再生のための行動計画」に内在された順応的管理の事例について紹介する．

①順応的管理（Adaptive Management）の定義

自然再生における順応的管理の定義はまだ確定していない．ここでは，自然再生の目的の実現という視点で定義してみたい．すなわち，自然の環境変動や歴史的な変化，地域的な特性や事業実施者の判断などにより変動する環境保全・再生の目的に対してどうやってアプローチしていくのかという手段を総称して，順応的管理と定義することとする．したがって，管理をする一手法ということではなくて，変動する目的に対してどんなふうにアプローチするのか，その手法を順応的管理と呼ぶこととしたい（図8.7）．

今までの環境施策の展開や参考事例などを整理すると，順応的管理には以下のような4つの要件があると思われる．それは，

・設定された目的（Goal）を前提とした順応的管理
・目的を具体化する個別目標（Objectives）の設定と目標達成基準（Performance Standard）による見直し
・順応的管理の方法（だれが，いつ，どのように）
・順応的管理手順のシステム化

などである．最初の2つの項目については，図8.8を用いて説明する．

順応的管理を，まず順応的管理の前提となる目的が設定され（レベル1），それを実現する個別目標の設定（レベル2）に引き続いて，設定した個別目標を目標達成基準で評価しながら，その個別目標を管理する（レベル3）ものとして定義する．ラムサール会議では，レベル2とレベル3の循環的な適用を推奨しており，管理手法への反映は定期的に行われ，個別目標への反映は例外的に行われることになっている．ただし，ここでいう管理手法とは，構造物の維持管理ということではなく，個別目標の管理という意味であるので，この順応的管理の適用は，図8.7における「計画・設計」「施工」「管理」の個々のボックスに対応すると考えることもできる．また，図8.7全体のプロセスに対応すると考えることもできる．全体目的の見直し・変更にあたっては，より客観的かつ透明性の高い議論や，合意形成が必要であり，後述するParalia Natureのような関係者を統合する第3者機関による議論，評価を得ることも有効と考えられる．

3番目の順応的管理の方法については，広い関係者（政府，住民，産業界，NGO，専門家）が計画段階の早い段階から関与できることが望ましい．そうした意味で，後述のPort 2000の例が参考となる．事業前もしくは事業中，早い段階での関係者との議論を開始することで，その変更意見の反映の自由度が高まり，結果としては事業の効率的実行に資する事ができると考えられる．

4番目の順応的管理手順のシステム化については，前述のGBRMPAの例のように明文化されたシステム的・戦略的な取り組み，プロセスの有効性を担保するような数値目標（PIの実施の際の意見徴収の目標値など）の設定などが有効であると思われる．

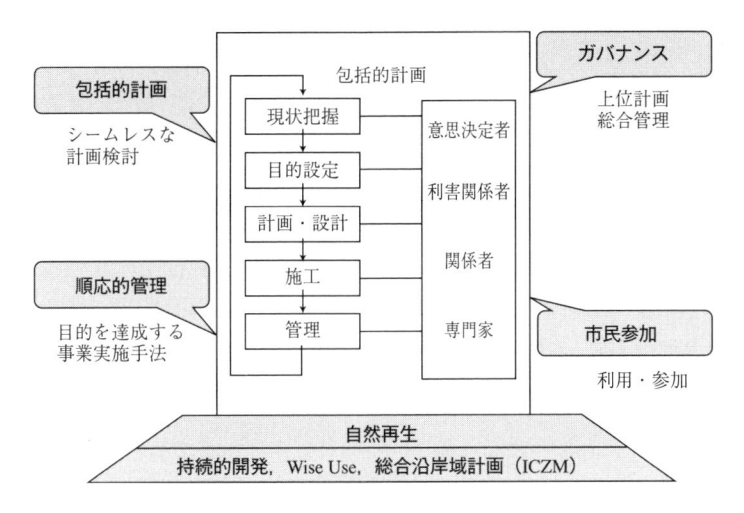

図 8.7 順応的管理の位置づけ（出典　港湾局監修：海の自然再生ハンドブック，2004）

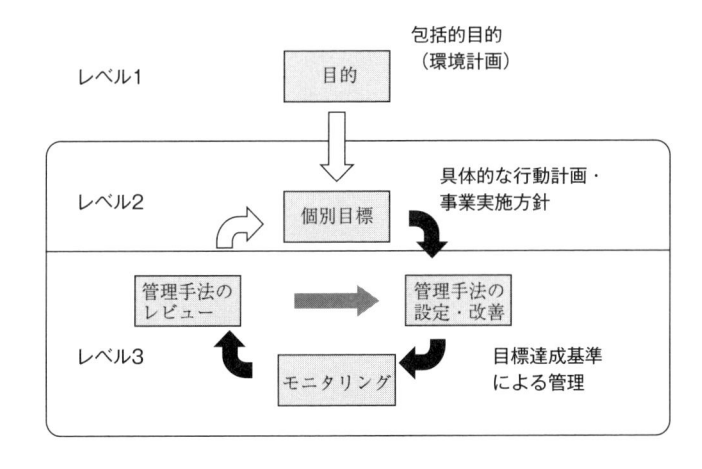

図 8.8 順応的管理手法の定義（古川ら，2005）

②順応的管理の技術開発的側面

上記のように順応的管理を検討していくと，事業制度やシステム作りのみに焦点があたってしまうが，順応的管理を実施していく上では，以下の視点での技術開発も不可欠である．

○**目標設定の技術**：様々な関係者と情報共有し，合意形成のための意思疎通を行う技術が必要であり，GIS の導入，環境データベースの標準化，Web 技術によるコミュニケーションツールの作成などがあげられる．

○**事業評価の技術**：合意された目標を具体的に実施するために設定する基準が成功判定基準であり，環境の変動，影響の伝播を考慮して機能を数量化する技術があげられる．これは，環境のモニタリング手法開発や，モデル化の技術開発，生態系の機能評価技術の開発などを含む．さらに，経済効果の評価指標の開発やその検証についても今後の技術開発の要と考えられる．

○**環境改善の技術**：順応的管理により問題が発見された場合には，様々な対応策の施行や検討が要求される．その場合，対応策のメニューが多ければそれだけ検討の幅も広がり，多くの問題に対応できる体制となる．こうした対応の迅速さが事業実施への信頼感を関係者間に作り出す1つの要因と考えられるので，メニュー開発も重要である．特に，海水浄化工法，底質改善工法，地形安定化工法，特定の生物の増殖・制限方法，複合的な生態系の場作りの手法などが必要かつ重要な技術であると考えられる．

③東京湾再生のための行動計画

2001年12月に内閣府都市再生本部は都市再生第3次決定として，東京湾を対象に「海の再生」施策を取り上げた．国土交通省は，環境省・湾岸7都県市などと検討協議会を作り，翌年6月に中間報告をまとめた．その中で提示された目標は，「快適に水遊びができ，多くの生物が生息する，親しみやすく美しい『海』を取り戻し，首都圏にふさわしい『東京湾』を創出する」というものであった．2002年3月に，この共通目標のもと水質改善の重点エリアを定めた行動計画をまとめ，重点エリア内に7ヶ所のアピールポイントを設け，汚濁負荷削減，干潟などの整備，海域のモニタリングを，協力して進めてゆくこととなった（図8.9）．

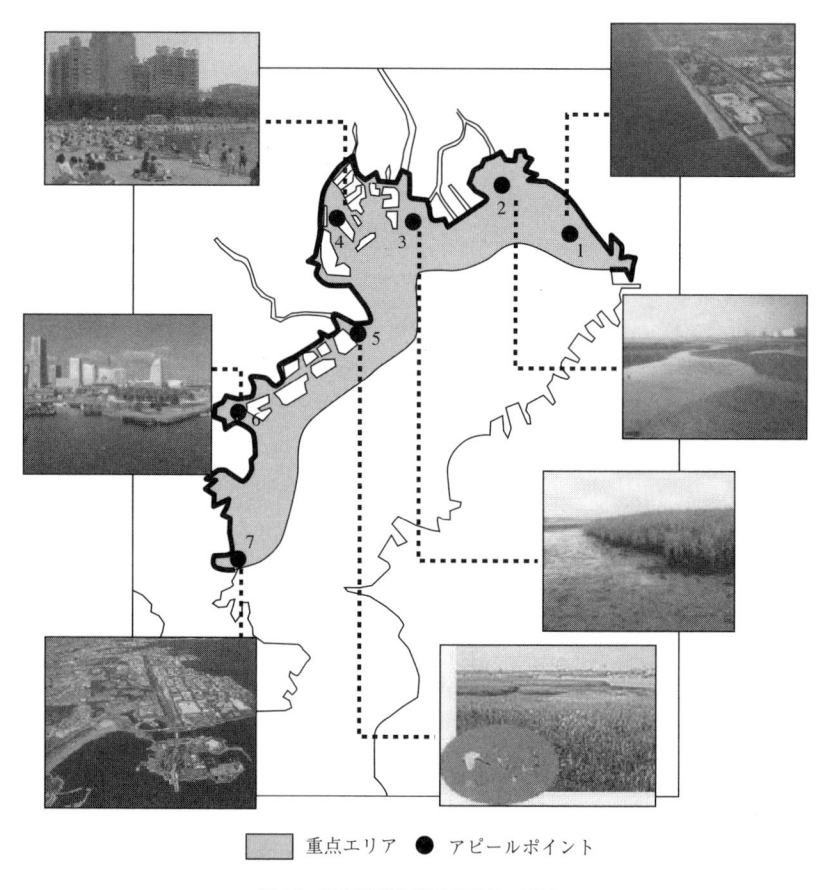

図8.9 東京湾再生計画の重点エリア

重点エリアは，東京湾西岸沿いの河川の河口部，埋め立て地，浅瀬を含む領域に設定されており，前述したように，このエリアはアサリ生息場間の強いつながり（生態系ネットワーク）の重要な位置にあたる可能性が高い領域である．

この東京湾再生のための行動計画を概観すると，包括的な目標設定から，個別目標へのブレークダウン（行動計画の選定，重点エリアとアピールポイントの設定），またその個別目標を判定する指標の導入（改善のイメージ）といった順応的管理の用件を備えており，海辺における順応的管理の適用の先進事例の1つであるといえる．

3) 自然科学的条件ばかりでなく社会的背景への考慮

自然科学的な条件が揃うことが，自然再生のための必要条件であるが，実は，それだけでは事業としての自然再生，人の利用を想定した自然再生を推進していくことはできない．経済原理が，需要と供給のバランスで成り立っているように，自然再生も，それを整備する側の供給と，それを利用する側の需要のバランスをとること，合意形成を図ることが重要だと考えられている．

① Paralia Nature の取り組み

Paralia とは"水辺"という意味であり，欧州には，その名前を冠する Paralia Nature という非公式共同体（informal cooperation）がある．その Paralia Nature に参加する主体は，港湾管理者，環境省，開発省，NGO，研究機関，専門家であり，自然環境の保全と港の開発の問題について関係者間の情報交換，有効な対応策の検討などを目指して活動している．開発事業に伴う環境施策と環境保全のための環境施策の融合を目指した専門家主体の動きとして位置付けられる．

前出の欧州連合の野鳥保護協定（1992）においては，種にとって重要な場や特別保護地域が設定され，厳重な保護策が提示されている．Paralia Nature は，こうした協定を注意深く解析し，開発と保全の共存の道を探っている（Paralia Nature, 2005）．そして，野鳥保護協定の主旨が地方の港湾管理者まで正確に伝わっていないことや，ガイドラインが多国語化されていないということが問題点であることを指摘した．こうした活動を進めていく上で，セミナーの重要性，特に参加者の興味を引き，演者の議論を机上のものに終わらせないために，現地見学を含めたセミナーとすることが推奨されている．

こうした，専門家が積極的に議論に参加し，活躍できる場が創出されることも自然再生にとっては，不可欠な要素であることが，この Paralia Nature の事例によっても示されている．

②フランス Le Havre 港における Port 2000 プロジェクトの例

フランスの Le Havre 港では，Port 2000 プロジェクトとして港の大幅な拡張が計画された．2006年までに取り扱い貨物量300万TEU の増加を見込んだプロジェクトは，港の法線の大幅な変更，新たな埋め立て・掘り込みが予定され，それに伴う環境への影響が懸念された．結果として，環境への影響を低減するために，生態系の保全のための Compensation（代替措置）が実施された．これは，開発事業に伴う環境施策として位置付けられ，これを実行するにあたり行われた関係者との調整の概略を紹介する（Le Havre Port Authority, 2005）．

計画の実施にあたり，この事業が欧州連合の野鳥保護協定に基づく事業であると位置付け，4ヶ月に渡り，50回以上の公開討論会が行われた．その結果，事業者側から示された7案の環境保全策に対し，NGO 側より10案の環境保全策が提案された．

その後，環境保全事業に対する公告縦覧が行われたものの，討論会で提案された以外の提案は提出

されなかった．国内法だけでは位置付けられない事前調整であるが，国際法からの要請を結果として利用することにより住民との事前意見調整を法的位置付けのある会議として開催できたという事例である．ただし，公告縦覧における関係者の理解を得るための努力として，500ページを超える技術的な環境影響評価書の他に，100ページ程度の解説書を添付したということも関係者の理解を得るのに役立っていると考えられている．

こうした直接の意見交換も，順応的管理の実施のために重要であることは，合意形成に関する多くの議論でも指摘されているところである（古川・清水，2004）．こうした議論を円滑にかつ，効果的に実施するためには，自然科学だけでなく社会科学へも議論の枠を広げるとともに，その議論の仕方を含めて，議論の見直しのシステム作りやルール作りが重要であると考えている．

8-4 おわりに

港湾開発に伴う環境緩和と港湾を取り巻く環境保全・自然再生という2面の目標をもつ港湾環境再生のための施策の実施には，1）自然再生における適材適所，2）順応的管理手法の導入，3）自然科学だけでない議論は有効な手段となりえる．それは，既に行われてきた事例の中に参考となる経験が多く蓄積されてきている状況である．

しかし，重要な点は，そうした手法は自然再生や環境施策実施のための一手法であり，目的ではないということに注意しなければならない．自然再生の目的である環境計画・包括目標が明確に設定されてこその手法の活用が期待されるところである．そのためにも，自然再生についての考え方が浸透し，多くの関係者を巻き込んだ議論が行われること，その中で研究者が果たさなければならない少なからぬ役割について議論が深まることを望みたい．

（古川恵太）

Q&A

Q1 環境施策が環境保全から自然再生に移り変わっているということは，自然再生を優先的に実施していく必要があるということでしょうか？

いいえ，自然再生は，良好な環境の下実施されることが大前提です．したがって，従来から行ってきている陸域負荷の削減，海域での環境改善といった環境保全の努力が引き続き必要です．そうした自然再生に適する場の保全・創出がまず必要であることを認識し，適地において自然再生を実施していくことが大切です．それぞれの環境施策の優先順位は，様々な条件を検討し総合的に判断すべきものですので，自然再生だけを優先するという考え方は正しくない場合があります．

Q2 順応的管理においてレベル1, 2, 3が設定されていますが，それぞれの実施イメージを教えてください．

例えば，東京湾再生のための行動計画などを例に取ると，順応的管理のレベル1は，全体目標であり，計画期間10ヶ年通しての目標設定と考えられます．レベル2は，個別の行動計画（流入負荷の削減，海域での環境対策の実施，モニタリング実施）であり，計画策定の5年目に中間評価が実施さ

れ見直しがされています．レベル3は，アピールポイントにおいて達成基準をもとに評価が行われている状況です．これらのレベル1，2，3は個別に議論されるべきものではなく，計画策定時から関係者間において全体を俯瞰した議論が必要です．

> Q3　順応的管理は事業を実施する仕組みであり，技術開発とは関係がないように感じますが？

　いいえ，順応的管理を実施するためには，目標設定技術，事業評価技術，環境改善技術が不可欠であることは，本文でも述べたとおりです．こうした技術が順応的管理における議論を科学に根ざしたものとし，多くの関係者間での合意形成の促進に役立つと考えられます．

文　献

古川恵太（2005）：港湾環境施策における順応的管理の適用性について，港湾，2005年4月号，pp.12-15.
古川恵太・小島治幸・加藤史訓（2005）：海洋環境施策における順応的管理の考え方，海洋開発論文集，21，pp.67-72.
古川恵太・清水隆夫（2004）：特別セッション「自然共生型事業－社会的合意形成に向けて－」のまとめ，海岸開発論文集，20，pp.69-71.
International Navigation Association（PIANC）（2003）：Ecological and engineering guidelines for wetlands restoration in relation to the development, operation and maintenance of navigation infrastructures, EnviCom Report of WG7, International Navigation Association, Brussels, Belgium（http://www.pinac-aipcn.org/），58.
加藤史訓（2005）：海岸事業における順応的管理，海洋開発論文集，21，pp.89-94.
Le Havre Port Authority（2005）：http://www.havre-port.fr/
Paralia Nature（2005）：http://www.imiparalia.nature.org/
ピーター・ブリッジウォーター（2005）：ラムサール条約の意義と今後，港湾，2005年4月号，pp.30-32.
Ramsar Convention Bureau（2005）：http://ramsar.org/
Ramsar Convention Bureau（2004）：Ramsar handbooks for the wise use of wetlands 2nd edition. Ramsar Convention Bureau, Gland, Switzerland（http://ramsar.org/）．
自然共生型海岸づくり研究会（2003）：自然共生型海岸づくりの進め方，社団法人全国海岸協会，73pp.
寺脇利信・吉田吾郎・内田基晴・浜口昌巳（2005）：瀬戸内海の干潟・藻場の現状と順応的管理，海洋開発論文集，21，pp.83-88.
海の自然再生ワーキンググループ（2003）：海の自然再生ハンドブック　第1巻　総論編，ぎょうせい，107 pp.
矢持　進・柳川竜一・平井研・藤原俊介（2005）：生態系の変動を考慮した順応的管理―物質収支からみて―，海洋開発論文集，21，pp.77-82.
和田康太郎（2005）：我が国における総合的沿岸域管理への取り組み，海洋開発論文集，21，pp.73-76.

第9章

環境評価の尺度と基準

　海域環境に対するニーズが変化し，自然再生という言葉が行動目標として示されるようになった今，どのような尺度で，いかなる基準に沿って環境を評価するかということが重要な課題となっている．ここでは，沿岸域の環境に関するいくつかの基準を示すとともに，大阪湾再生を進めるにあたっての環境評価の尺度，さらに目標設定の考え方について例をあげて論じてみた．

9-1　海域の環境基準

　われわれが海の環境を評価・診断する場合に参照するものとして，環境基準，水産用水基準がある．以下にその概要を示した．

1）環境基準

　人の健康の保護および生活環境の保全のうえで維持されることが望ましい基準として，大気，水質，土壌，騒音をどの程度に保つかという目標を定めたものが環境基準である．環境基準は「維持されることが望ましい基準」であり，行政上の政策目標である．水質汚濁に関わる環境基準として「生活環境の保全に関する環境基準」（表9.1, 9.2）と「人の健康の保護に関する環境基準」（表9.3）の2つの基準が設けられている．それらの基準が，水域ごとに設定された類型に応じて適用される．大阪湾では図9.1に示すように類型，基準が設定されている．

表9.1　環境基準（生活環境の保全に関する基準　海域）

類型	利用目的の適応性	基準値					該当水域
		水素イオン濃度（pH）	化学的酸素要求量（COD）	溶存酸素量（DO）	大腸菌群数	n-ヘキサン抽出物質（油分など）	
A	水産1級，水浴，自然環境保全およびB以下の欄に掲げるもの	7.8以上 8.3以下	2 mg/l 以下	7.5 mg/l 以上	1,000 MPN/100 ml 以下	検出されないこと	類型ごとに指定する水域
B	水産2級，工業用水およびCの欄に掲げるもの	7.8以上 8.3以下	3 mg/l 以下	5 mg/l 以上	—	検出されないこと	
C	環境保全	7.0以上 8.3以下	8 mg/l 以下	2 mg/l 以上	—	—	

備考　1. 水産1級のうち，生食用原料カキの養殖の利水点については，大腸菌群数 70 MPN/100 ml 以下とする．
（注）　1. 自然環境保全：自然探勝などの環境保全
　　　 2. 水産1級：マダイ，ブリ，ワカメなどの水産生物用および水産2級の水産生物用
　　　　　水産2級：ボラ，ノリなどの水産生物用
　　　 3. 環境保全：国民の日常生活(沿岸の遊歩などを含む)において不快感を生じない限度

表 9.2 環境基準（生活環境の保全に関する基準　海域）

類型	利用目的の適応性	基準値 全窒素	基準値 全燐	該当水域
I	自然環境保全およびII以下の欄に掲げるもの（水産2種および3種を除く）	0.2 mg/l 以下	0.02 mg/l 以下	水域類型ごとに指定する水域
II	水産1種，水浴およびIII以下の欄に掲げるもの（水産2種および3種を除く）	0.3 mg/l 以下	0.03 mg/l 以下	
III	水産2種およびIVの欄に掲げるもの（水産3種を除く）	0.6 mg/l 以下	0.05 mg/l 以下	
IV	水産3種，工業用水，生物生息環境保全	1 mg/l 以下	0.09 mg/l 以下	

備考　1. 基準値は，年間平均値とする．
　　　2. 水域類型の指定は，海洋植物プランクトンの著しい増殖を生ずるおそれがある海域について行うものとする．
（注）1. 自然環境保全：自然探勝などの環境保全
　　　2. 水産1種：底生魚介類を含め多様な水産生物がバランスよく，かつ，安定して漁獲される
　　　　 水産2種：一部の底生魚介類を除き，魚類を中心とした水産生物が多獲される
　　　　 水産3種：汚濁に強い特定の水産生物が主に漁獲される
　　　3. 生物生息環境保全：年間を通して底生生物が生息できる限度

表 9.3 環境基準（人の健康の保護に関する環境基準　海域）

項　目
カドミウム，全シアン，鉛，六価クロム，砒素，総水銀，アルキル水銀，PCB，ジクロロメタン 四塩化炭素，1,2-ジクロロエタン，1,1-ジクロロエチレン，シス-1,2-ジクロロエチレン 1,1,1-トリクロロエタン，1,1,2-トリクロロエタン，トリクロロエチレン，テトラクロロエチレン 1,3-ジクロロプロペン，チウラム，シマジン，チオベンカルブ，ベンゼン，セレン 硝酸性窒素および亜硝酸性窒素，フッ素，ホウ素

注：ここでは項目のみを示し，基準値は省略した．

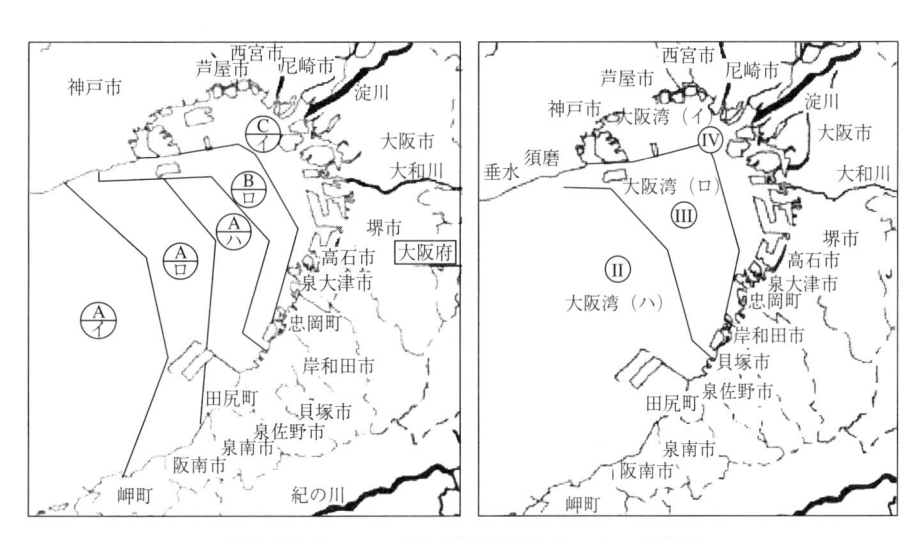

（注）図中イ，ロ，ハは達成期間を示す（1971年12月指定）
　　　イ：直ちに達成
　　　ロ：5年以内に可及的速やかに達成
　　　ハ：5年を超える期間で可及的速やかに達成

図 9.1　大阪湾における環境基準の類型（左図：COD など，右図：窒素，リン）

2）水産用水基準

水域を漁場として捉えた基準として，日本水産資源保護協会が刊行している「水産用水基準」がある．この基準では水産の生産基盤として水域の望ましい水質条件が示されている．なお，水産用水基準は，1965年の「水産用水基準」，1972年の「水産環境水質基準」，これらを統合した1983年の「水産用水基準（改訂版）」を経て現在の「水産用水基準（2000年版）」「水産用水基準(2005年版)」となった．この中から海域を対象とした主な項目を表9.4に示した．

表9.4 水産用水基準に定められた水質・底質の基準値（海域）

項　目		基準値		
水質	COD_{OH}	・一般海域：1 mg/l 以下 ・ノリ養殖場や閉鎖性内湾の沿岸域：2 mg/l		
	全窒素 全リン	水産1種	全窒素：0.3 mg/l 以下	全リン：0.03 mg/l 以下
		水産2種	全窒素：0.6 mg/l 以下	全リン：0.05 mg/l 以下
		水産3種	全窒素：1.0 mg/l 以下	全リン：0.09 mg/l 以下
		ノリ養殖に最低限必要な栄養塩濃度	全窒素：0.07 − 0.1 mg/l	全リン：0.007 − 0.014 mg/l
	溶存酸素（DO）	・6 mg/l 以上 ・内湾漁場の夏季底層において最低限維持しなくてはならない値：4.3 mg/l（3.0 ml/l）		
	水素イオン濃度（pH）	・7.8 − 8.4 ・生息する生物に悪影響を及ぼすほどpHの急激な変化がないこと		
	懸濁物質（SS）	・人為的に加えられる懸濁物質 2 mg/l 以下 ・海藻類の繁殖に適した水深において必要な照度が保持され，その繁殖と生長に影響を及ぼさないこと		
	着色	・光合成に必要な光の透過が妨げられないこと ・忌避行動の原因とならないこと		
	水温	・水生生物に悪影響を及ぼすほどの水温の変化がないこと		
	大腸菌群	・大腸菌群数（MPN）が100 ml 当り1,000以下		
	油分	・水中に油分が検出されないこと ・水面に油膜が認められないこと		
底質	COD_{OH}	20 mg/g 乾泥以下		
	硫化物	0.2 mg/g 乾泥以下		
	ノルマルヘキサン抽出物	0.1 ％以下		
	・微細な懸濁物が岩面，礫または砂利などに付着し，種苗の着生，発生あるいはその発育を妨げないこと			
	・溶出試験（環告14号）により得られた検液の有害物質が水産用水基準の基準値の10倍を下回ること			
	・ダイオキシン類の濃度は 150 pgTEQ/g を下回ること			

参考文献：水産用水基準（（社）日本水産資源保護協会，2000, 2005）

9-2　環境評価の尺度

1）現状評価と再生目標の設定

沿岸環境に関する価値観やニーズが変化し，それにともない「利用」「保全」「修復」「再生」へと環境に関する文言も変化してきた．どのような尺度で何の基準によって環境を評価し，修復・再生の目標を設定するのかが重要な課題となっている．

沿岸域をレクリエーションの場として利用する市民の尺度，就労・生産の場として利用する漁業者

の尺度，加えて生物・生態系，物質循環の各尺度で沿岸域を評価し，目標設定を行うための参考例を以下に示した．

2) 市民の尺度：レクリエーション・快適性

行政が作成する計画などにおいて水質の回復目標が議論される場合，その尺度としては前述のような，法で定められた環境基準や参考としての水産用水基準が用いられる場合が多い．一方，市民が参画した水辺づくりの場では，これらの値が「実感」に欠け，かつわかりにくいため，指標としては表9.5～9.7に示すような快適性に係るものが用いられる場合がある．ただし，これらの指標は，あくまでも感覚的なものであり，地域の環境特性や歴史的背景，住民の価値観などによってその評価が大きく異なる．このような指標を用いるに当たっては，多くの市民による議論と継続的な見直しが重要となる．

例えば，大阪湾奥海域において「泳げる海」を目標像に掲げた場合，目標となる水質を数値で表すほか，海水浴場の閉鎖時期や現在の海水浴場の開設場所を尺度にすることができる．具体的には，大阪湾の湾奥で「泳げる海」を達成するためには，「湾奥の環境を昭和30年代前半以前の状態に戻す」もしくは「湾奥の環境を現在の二色の浜，須磨海岸の状態にする」ことが共通認識，共有する目標像となる（図9.2）．

表9.5 快適性に関する指標
人々の海域利用における目標値（COD）

水環境の利用状態	望ましい水質	
主な行動	レベル	COD濃度
展望	見る	5 mg/l 以下
散策	見る	5 mg/l 以下
潮干狩・海釣り	触れる	5 mg/l 以下
ボートセイリング・ヨット	触れる	4 mg/l 以下
海水浴	泳ぐ	3 mg/l 以下
水中展望・ダイビング	泳ぐ	2 mg/l 以下

運輸省第三港湾建設局資料

表9.6 快適性のレベルから見た透明度

目標値	快適性のレベル
2 m 以上	触れる
1 m 以上	見る

（シーブルー・テクノロジー研究委員会，1989）

表9.7 アンケート調査による海域の分類

透明度	外観	良くとれる水産物の種類
10 m 以上	非常にきれい	魚はあまりとれない
5～10 m	きれい	タイ・ヒラメ・サザエ・アワビ
3～5 m	普通～やや汚れている	キスゴ・エビ・タコ・イカ・ワカメ
1～3 m	汚れている	カレイ・イワシ・ボラ・イリ・アサリ
0～1 m	非常に汚れている	ハゼ・ゴカイ・赤潮

（浮田，1985）

3) 漁業者の尺度：漁場・就労の場としての生産性

大阪湾（大阪府）の漁獲量の推移を図9.3に示した．漁獲量の多くは植物プランクトン食性魚（イワシなど）で占められており，これらは水質（栄養塩，COD）の変動，餌となるプランクトンの量に左右されてきた．ただし，イワシ類については魚種自体の資源変動が影響する．植物プランクトン食性魚を除いた魚種（底魚や甲殻類，貝類）の漁獲は，埋め立てによる浅場の消失，底層の貧酸素化の影響を強く受けているものと考えられる．このように漁業は環境の影響を強く受ける．

海域を就労の場とする漁業者の視点から望ましい漁場を再生目標とした場合，その状態は「底魚や甲殻類，貝類が獲れる（図9.3中のA）とともに，植物プランクトン食性魚が獲れる海（図9.3中のB）」

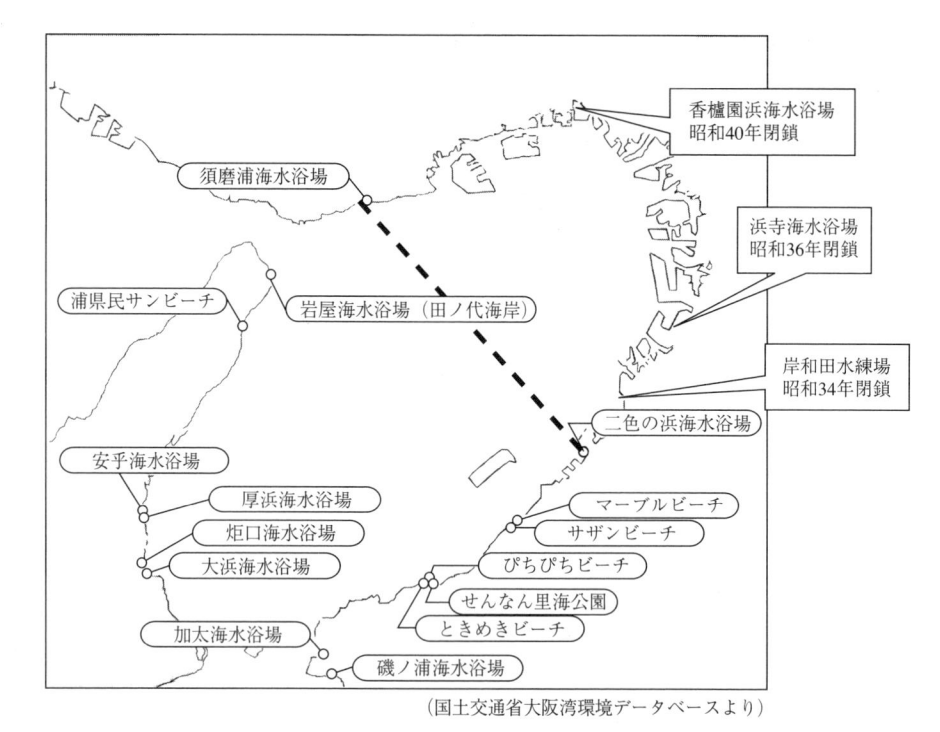

図 9.2　大阪湾内の海水浴場

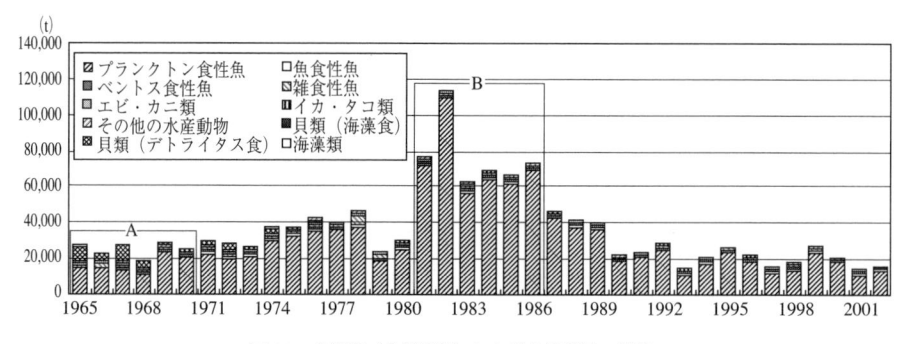

（国土交通省大阪湾環境データベースより）

図 9.3　大阪湾（大阪府側）における漁獲量の推移

となる．この状態は，換言すると「底生生物の生息場となる浅場が残されるとともに，大規模な貧酸素水塊が発生しない程度に栄養塩が豊富な海」となる．

4） 生物の尺度：生産性と多様性

栄養塩と浮魚，藻場，ベントス，底魚の生産量との関係が「大阪湾における望ましい漁場環境」として図 9.4 のようにまとめられている．

栄養塩濃度 N4 の状態で，藻場の生産性が最大となり，N3，N2 で底魚，ベントスの生産量が最大となる．さらに栄養塩濃度が高まり N1，N0 となり富栄養化が進むにつれ，植物プランクトン，浮魚（プランクトン食性魚）の生産量が大きくなる．一方，海中の有機懸濁物量も増大することになり，COD の増大，透明度の低下など水質の汚濁が進行し，底層の DO が低下する．

前述のように，漁獲の対象として生物を捉えた場合には，特定種の魚がたくさん獲れる状態が望ま

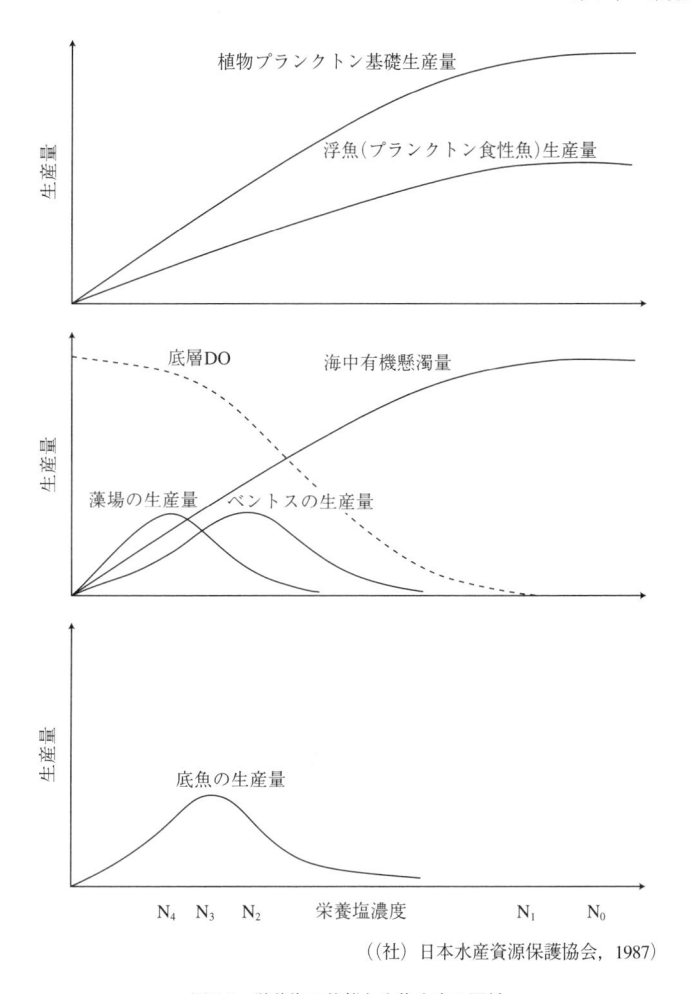

図9.4 栄養塩の状態と生物生産の関係

((社) 日本水産資源保護協会, 1987)

しいことであり，再生目標を表現しやすい．しかし，ここに多様性の評価軸を加えると，望ましい状態を表現することは難しく，評価・目標設定については今後の研究・議論が待たれるところである．

5) 物質循環の尺度

富栄養化が著しく進行した状態の食物連鎖の模式図は図9.5のように表すことができる．植物プランクトンの過剰な基礎生産は，高次の生物に摂取・利用されることなく海底へ沈降・堆積し有機汚泥となる．海底の有機汚泥は，まさに物質循環の歪によって生じた負の遺産であるといえる．有機汚泥が酸素を消費することによって，海底付近が貧酸素状態となり，生物が生息できない海底が広がる．また，有機汚泥からは栄養塩が溶出し，海中へのさらなる負荷となる．この状態を物質循環の模式で表すと図9.6のような悪循環として表現できる．

このような悪循環に対して，再生すべき望ましい循環（好循環）を模式図で表すと図9.7のようになる．負荷の削減，生物の生息場の創出，生物による栄養塩や有機物の吸収固定と食物連鎖を通じた高次生物への転換，そして漁獲物としての取り上げ，食物としての消費，これらの関係が成り立つことによって，海域の物質循環がよりスムーズになる．

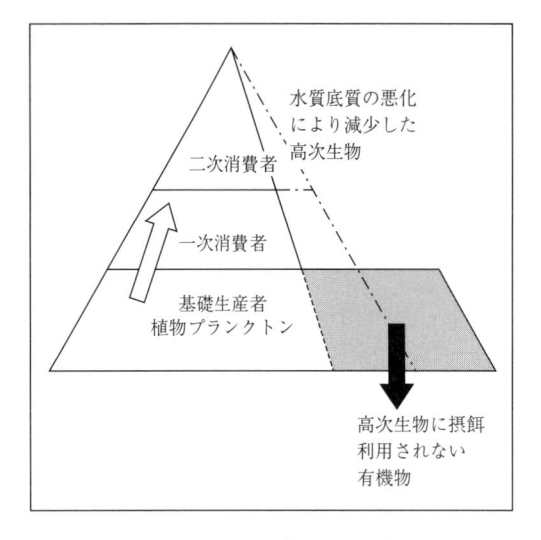

図 9.5　食物連鎖のピラミッド模式図

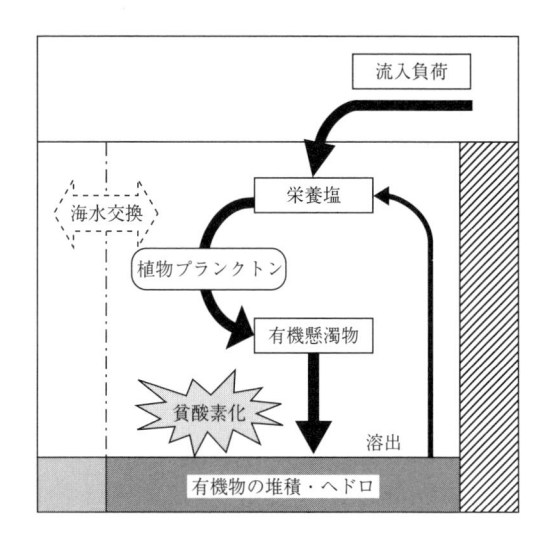

図 9.6　物質循環の模式

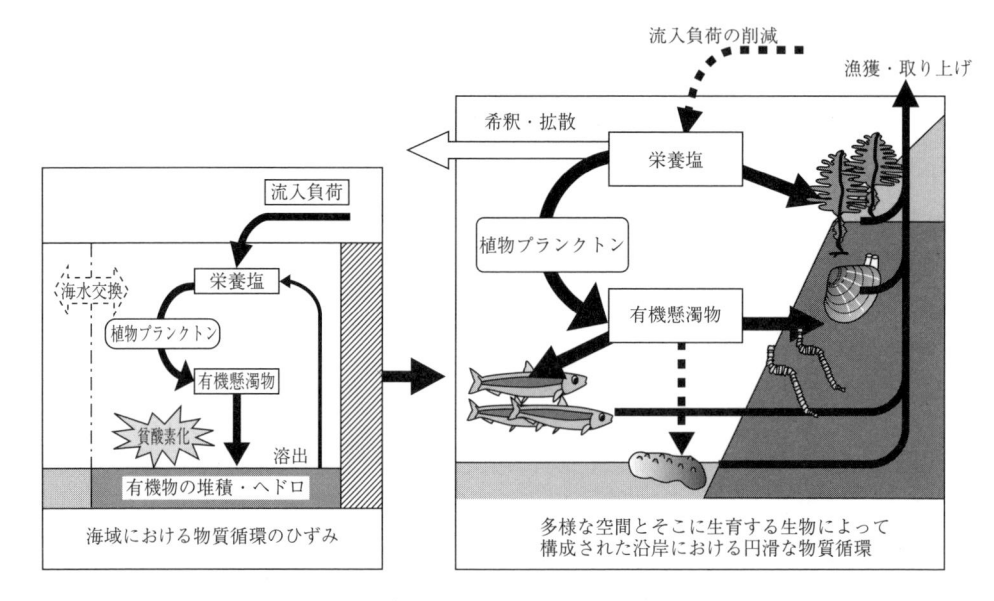

図 9.7　海域における円滑な物質循環のイメージ

9-3　まとめ

　以上のように海域の環境を評価し，修復・再生目標を設定するための尺度や基準は様々である．また，目標を設定するための統一的な手法はない．これまで，海域の環境評価が論じられる場面の多くは，開発行為による環境への影響を評価するアセスメントであり，これは環境が悪化することを前提とする手続きといえる．今後は，悪化した環境を修復・再生するために予測評価を行う「再生アセス

メント」が論じられるべきであろう．「悪くなる程度」を予測評価するのではなく，「良くなる程度」を予測評価するための基準や尺度，評価手法の開発が重要となる．開発と環境保全の対立構造の中で，海の環境問題が論じられるのではなく，公共財たる海の環境をよくするための環境が論じられて初めて，持続可能な循環型社会の形成が進むのではないか．

(中西 敬)

Q&A

Q1　一般市民，漁業関係者，行政の担当者など様々な立場によって，環境を再生するための目標設定の考え方が異なることがわかりました．では実際に再生を進める場合，いったいどのような方法で目標を設定するのですか．また，その際のコツがあるのでしょうか？

　川や里山などの再生では，様々な立場の人が集まった協議会を設置し，意見交換を重ね目標を設定する場合が多いようです．一方，海の場合は，目標を設定する前の「なぜ再生しなければならないのか」ということから議論をする必要があります．海と私たちの日常生活の関係に気づくことから始めなければなりません．その際，部外者（よそ者）である研究者や学生が，議論の「しかけ」や「仕組みづくり」の手伝いをすることが有効です．もちろんその場合には地域の「しきたり」を踏みにじらない気遣いが大切です．

文　献

環境省：水質汚濁に係わる環境基準について，環境省ホームページ．
中西　敬（2002）：生物生産に係わる沿岸の環境修復技術，水産業における水圏環境保全と修復機能・水産学シリーズ 132（松田　治・古谷　研・谷口和也・日野明徳編），pp.60-69.
大阪府環境農林水産部（2005）：大阪府漁場環境保全方針，pp.31-34.
シーブルー・テクノロジー研究委員会（1989）：快適な海域環境の創造に向けてシーブルー計画，p.38.
(社) 日本水産資源保護協会（1987）：大阪湾における望ましい漁場環境，pp.94-99.
(社) 日本水産資源保護協会（2000，2005）：水産用水基準．
浮田正夫 1985：臨海部における環境回復・創造事業に関する調査報告書（2001），財団法人エメックスセンターより転載．
運輸省第三港湾建設局：人々の海域利用における目標値，運輸省第三港湾建設局資料．

第10章

環境修復の取り組み事例

> それでは，大阪湾の自然再生について具体的な方法を考えていくことにしよう．自然再生は非常に未知数の多い難作業であるし，莫大な労力と費用が必要となる事業である．それゆえに，様々な観点からできるだけ多くの知恵を集めた上で，慎重かつ大胆に事を運ぶ必要がある．ここでは，まず自然再生の論理的な手順を示し，広域的な目標設定事例として，大阪湾再生行動計画と大阪府漁場環境保全方針を紹介する．そして，個別事業を進めるためのケーススタディー例として，尼崎港で行われた環境修復実証研究プロジェクトを紹介し，将来事業化が期待される自然再生の具体的なイメージについて示すことにする．

10-1 環境修復の論理的な手順

大阪湾に限らず，環境修復（自然再生）事業を推進していく上で，対象海域の包括的な目標を掲げ，それに対する具体的な個別事業を展開していくための論理的な手順（方法論）を示すことは重要である．図10.1は，そのような論理的手順の例を示したものである．まず，対象陸海域の地理的特性と社会的特性を分析することによって，広域的な再生目標を設定する．このとき，複数代替案の提示と，市民や専門家の参画による合意形成のプロセスが必要となる．合意形成により決定されたグランドデ

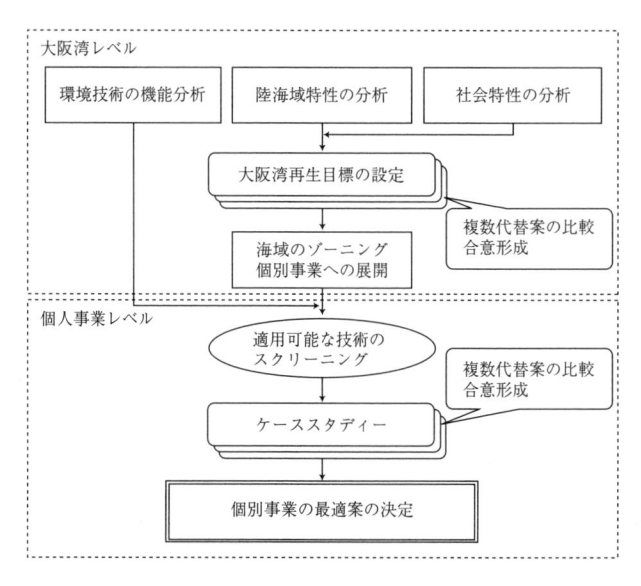

図10.1 大阪湾における論理的な環境修復（自然再生）手順

ザインを基礎として，海域のゾーニング（目標設定も含む）が行われることになるが，ここでは，保全・保護すべき海域と修復・再生すべき海域をはっきりと分類する必要がある．海域のゾーニングの後，各ゾーンの特性に合わせた個別事業が展開されることになるが，特に修復・再生すべき海域に対しては，その海域の特性と環境悪化要因を分析し，適用可能な環境修復技術を取捨選択しなければならない．このとき，複数の環境修復技術が候補として選択されるので，どの技術をどのように組み合わせばよいかを判断するために，実証実験やモデル計算も含むケーススタディーを行う必要がある．最終的な個別事業案の決定に際しては，やはり複数代替案の比較評価と，市民や専門家の参画による合意形成のプロセスを経る必要がある．

10-2　目標設定とゾーニングの取り組み事例

1）大阪湾再生行動計画

市民の立場から大阪湾の再生目標を検討した例として，内閣官房の都市再生本部が中心となり，大都市圏における「海の再生」事業の一環として 2001 年 12 月に設置された大阪湾再生推進会議が 2004 年 3 月に取りまとめた「大阪湾再生行動計画」（小川，2004）がある．大阪湾再生行動計画で掲げる目標は，2004 年度から 10 年間の間に〔森・川・海のネットワークを通じて，美しく親しみやすい豊かな「魚庭（なにわ）の海」を回復し，京阪神都市圏として市民が誇りうる「大阪湾」を創出する〕というもので，市民の立場が強調されている点が特徴である．また，上記の目標の達成程度を判断するためとして，底層溶存酸素や表層 COD などの具体的な目標と指標を設定している．

大阪湾再生行動計画においては，大阪湾再生の対象区域を，琵琶湖を含む大阪湾の集水域全体としている．しかし，10 年という短期間に効果的に大阪湾を再生するためには，最も環境悪化が進んで

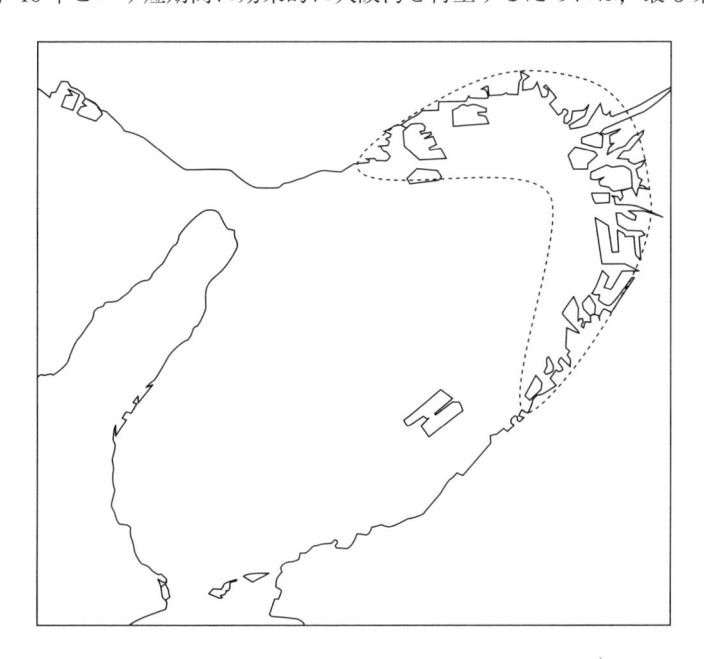

図 10.2　大阪湾再生行動計画における重点エリア（小川，2004）

いる地域を先導的に再生させる必要がある．このことから，図10.2に示す大阪湾奥部（概ね神戸市須磨区〜大阪府貝塚市）を，重点的に再生を目指すエリア（重点エリア）として設定している．この海域は水質環境が非常に悪化しているC類型の海域に指定されており，夏季に底層で慢性的に貧酸素水塊が発生する海域として知られている．

上記目標を達成するためには，関係機関が広域的に連携する必要があるが，その推進体制として，大阪湾再生推進会議と，市民，住民，NPO，学識者，ならびに企業との連携・協働をあげている．また，具体的な施策として，陸域負荷削減，海域環境改善，大阪湾再生のためのモニタリングなどが考えられている．さらに，大阪湾再生に向けた施策を一般市民が身近に体験・実感することで，広く一般にPRを行う場として，13エリア，30地点を超えるアピールポイントを設定している．ただし，このアピールポイントは実際に施策を行う場所全てを表しているわけではなく，また重点エリアの改善に関するアピールポイント以外にも，地元住民との連携・協働などの新たな施策手法に関するアピールポイントも含まれている．

2) 大阪府漁場環境保全方針

大阪府環境農林部水産課が中心となり，2005年3月に大阪府漁場環境保全方針がまとめられた（大阪府，2005）．ここでは，「魚にとって快適な海」「漁業者が働きがいのある海」「府民が親しめる海」の3つを方針として掲げており，漁業者と水生生物の立場に立った再生目標の検討例といえる．ここでは，望ましい漁業生産構造のイメージを明確にするため，9-2節で述べた，大阪府における過去の水質環境と食性別漁獲量の変遷が詳細に検討された．図9.3に示すように，大阪府の漁獲量のピークは昭和50年代の後半にあり，その原因はプランクトン食性魚（マイワシ）の大豊漁にあった．ところが，プランクトン食性以外の魚種については，昭和40年代に激減しており，特に海藻類や貝類は昭和50年代には壊滅的となっている．この時期には約3,000 haもの浅場が埋め立てにより喪失しており，これが海藻や貝類の漁獲の激減につながったと容易に想像できる．プランクトン食性魚の多くは，一生を大阪湾で過ごすのではなく，産卵や育成などを目的として入り込んでいる魚種であることから，大阪湾の漁場環境を考える上では定住種である底魚や貝類を指標種とすべきであろう．

漁場環境の修復（報告書では保全という言葉を用いている）目標については，漁業生産，栄養塩レベル，底層溶存酸素，浅場（藻場・干潟）の面積，の4つの指標が考えられている．大阪湾の漁場環境を考える上では，貝類を含む底魚漁獲があった昭和40年代の魚種の多様性を回復させることが望ましい．さらに，漁業生産量全体の増加を考えれば，昭和50年代の多獲性を維持させることが望ましい．ここでは，これらの両方を目指すことを漁場環境保全の方針としている．また，数値目標としては，底魚の漁獲量を現在の2,000トンから2,500トンに増産させることを掲げている．漁獲量を重視した場合，プランクトン食性魚の生産量を支えるという意味で，全リン濃度は0.08 mg/lが目安となる．しかし，底層の貧酸素化を防ぐという観点からは0.05 mg/lが限度となる．ここでは，プランクトン食性魚の生産ポテンシャルが低下する可能性も指摘しつつ，0.05 mg/lに維持することを目標としている．ただし，0.08 mg/lを維持しつつ余った栄養塩を海底へ蓄積させない手法として，海水交換の促進方策を検討すべきという指摘もされている．溶存酸素は4.3 mg/l（3.0 ml/l）以下になると，魚類・甲殻類に生理的変化が引き起こされる．ここではこの数値を底層の溶存酸素の目標値としてい

る．ただし，目標を適用する面積，期間については，貧酸素発生・解消のメカニズムに基づいて，更なる検討が必要としている．ここでは浅場の定義として底層の貧酸素化防止の観点から水深−3 m 以浅の海域としている．前述のように，底魚の漁獲が壊滅的に減少した昭和 40 年代には，約 3,000 ha の埋め立てが行われた．この多くは水深−10 m 以浅で行われたことから，消失した−10 m の水深帯の 30 ％に当る 900 ha を，−3 m 以浅の「浅場」創出面積の目標としている．また，現在存在する藻場も合わせて，400 ha 以上の藻場面積を確保するという目標も掲げている．

　大阪府漁場環境保全方針では，大阪湾の環境の変遷と現況，ならびに漁業の変遷と現況の詳細な分析から，大阪湾を 5 つのゾーンに区分している（関連する主な河川の流域ゾーンを除く）．表 10.1 に各ゾーンの保全・修復の方針を，図 10.3 にゾーニング図を示す．このうち①③については，大阪府として漁業環境保全方針に沿って具体的な施策を展開するゾーンとなるため，様々な施策が提案されている．また④，⑤については，関連する兵庫県，和歌山県などと調整しつつ相互に連携をとりながら施策の立案・実施に努めるとしている．

表 10.1　保全・修復の方針（大阪府，2005，一部改変）

ゾーン	保全・修復の方針
①北部ゾーン	悪化した環境の修復・再生
②関西国際空港周辺ゾーン	新たに創出された環境の維持・拡大
③南部ゾーン	良好な環境の保全および改善と適切な利用
④北西部ゾーン	残された砂浜の保全・修復と浅場の再生
⑤淡路島沿岸ゾーン	厳正なる保全と適切な利用

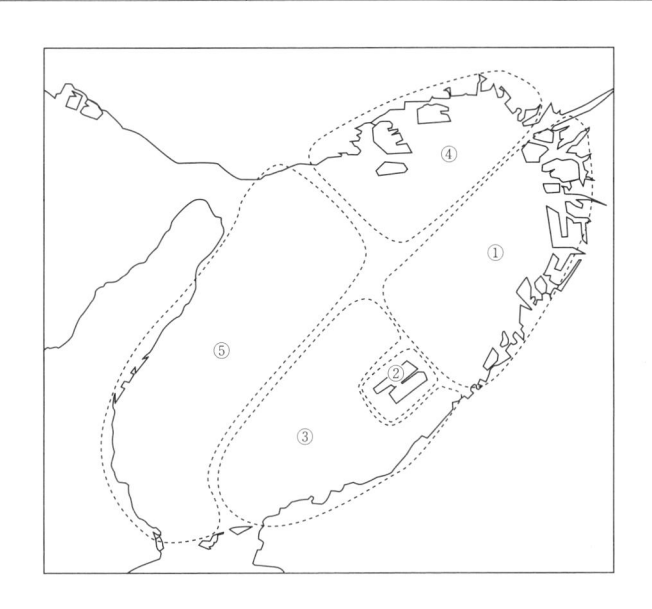

図 10.3　漁場環境保全のゾーニング（大阪府，2005，一部改変）

3）合意形成の重要性

　以上のように，同じ大阪府が関係する機関からも，市民の立場，水産の立場それぞれから再生方針・目標・施策が提案されている．このほかにも，今後様々な機関から様々な観点での自然再生目標が出

されるかもしれないし，それが自然な姿である．しかし，「大阪湾自然再生行動計画」と「大阪府漁場環境保全方針」の再生目標を比較すると，底層溶存酸素のように数値目標がほぼ一致しているものもあるが，栄養塩レベル（大阪湾再生行動計画ではCODレベル）のように，必ずしも目標が一致しない（海水浴を考えればできるだけ低いほうがよく，漁獲量を考えればある程度高レベルを確保したい）ものもある．また，個別の施策の段階では，市民の親水空間（レジャーを含む）をとるのか，魚類の育成空間をとるのか，といった問題も生じるであろう．

　重要なことは，そのような違う理想像をもつ立場の人々がどう折り合いをつけるかということである．いわゆる合意形成問題である．環境修復（自然再生）をするという面では意見は一致していても，一般市民と漁業者は違う理想像をもっているので，方法や規模などで意見の対立（コンフリクト）が生じる．また実際の事業を想定すれば，対象海域に直接関わっている住民との間でも意見の対立が生じることは想像に難くない．これを解決するためには，それぞれの立場に配慮した複数の代替案を事業者や専門家が提示し，その評価を行う段階で一般市民，漁業者，住民など，多様な主体を巻き込んだ（パブリック・インボルブメント）コミュニケーションの場が必要となる．このとき，違うフィールドの人々が同じ土俵で話をするためには，情報と知識を共有することが不可欠であり，また良し悪しの判断には最終的には共通の倫理が必要となる（図10.4）．

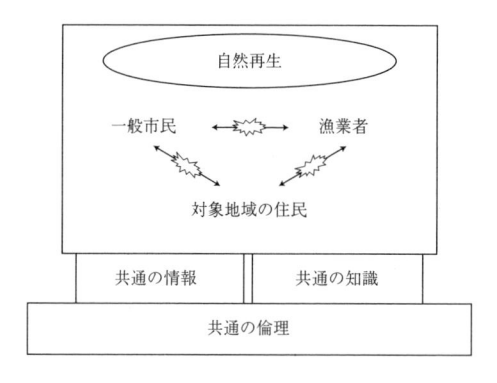

図10.4　自然再生に関わるコンフリクトの構図と合意形成に必要な基盤

　大阪湾再生の方向性を議論するような場では，環境面の評価だけでなく，社会面や経済面での評価も考慮されなければならない．このとき上位計画の段階でできるだけ幅広い選択肢の中から望ましい案を選ぶことが重要である．したがって，専門家以外の公衆に対しても長期的，広域的な視野で多くの情報を分析，判断し，論理的な結論を出すことができる能力が要求される．当然費用対効果など現実的な評価センスも問われることになる．ただしそれ以前に，「自分たちの子や孫の世代にどのような社会を残すべきか」といった持続可能性に基づいた切実な意見を出すことが，公衆に課せられた重要な役割となろう．

　一方専門家の果たすべき役割としては，第1にその専門分野における情報と意見の供与があげられる．しかし上位計画段階での意思決定に関与する以上，公衆と同様，長期的，広域的，多角的な視野で意見が述べられる能力も要求される．特に初期段階における選択肢の絞り込み（大阪湾再生でいえば，どの時間スケールで再生事業を考えるのかといった問題や，まずどこを優先して再生するかといっ

た問題）は専門家によって行われる可能性が高いので，無駄な選択肢を残すことによって評価そのものが非効率的にならないよう，バランスの取れた適確な判断能力を身に付ける必要がある．また公衆への専門知識の提供（教育）も重要である．上述のように，公衆による意思決定への関与は，公衆自身の哲学，知識，判断能力が保証されてこそ有効となる．一般のメディアだけでは，環境に対する専門的な情報や事業に対する経済的な判断材料は得にくいのが現状であり，例え得られたとしても正確かつ公平な情報であるかどうかは疑わしい．われわれ全てが環境に対する加害者であるという現実も含めて，科学的，論理的な情報提供を行うことが専門家に課せられた重要な役割となろう．

10-3　ケーススタディーと最適案選定の取り組み事例

1）尼崎港における環境修復実証研究プロジェクト

（財）国際エメックスセンター（2003）は，2001年度から2003年度の3年間，「閉鎖性海域における最適環境修復技術のパッケージ化(環境修復技術のベストミックスによる物質循環構造の修復)」(環境省環境技術開発等推進事業）研究を行った（以下パッケージ化プロジェクトという）．ここでは，尼崎21世紀の森構想を背景として，尼崎港内の水質環境を，単独の技術ではなく，複数の技術の組み合わせ（ベストミックス）によって効率よく修復するための技術開発を行うとともに，その手法の汎用化（パッケージ化）ならびに尼崎港における環境修復事業提案を目的としている．

尼崎港は，古くは淀川河口干潟に隣接する砂浜（尼崎浜）であったが，1948年ころより本格的な埋め立てが始まり，約50年間かけて図10.5に示すような海岸線になった．港内は直立護岸に囲まれ，浅水域がほとんどなく，停滞性の非常に強い大阪湾奥部でも最も水質環境の悪化した海域の1つとなっている（透明度は年平均で2.5 m，底層 DO は7月から10月まで無酸素状態）．尼崎港内に流入する栄養塩負荷の大半は，武庫川下流浄化センターから排出される処理水で（窒素負荷の約9割が下

図 10.5　尼崎港の海岸線および実証実験施設設置場所

水処理排水からの負荷），その排水口に隣接して実証実験施設が設置されている．

表 10.2 は，パッケージ化プロジェクトで取り扱われた環境修復技術を示している．具体的な環境修復技術のスクリーニングを行うにあたり，尼崎港の環境特性，環境悪化の連関，技術の適用限界，維持管理の容易さ，港湾機能の維持などが考慮されている．

これらの技術のうち，現地実験によって実証研究が行われた技術の概要を図 10.6 に示す．浮体式藻場は，尼崎港のように直立護岸に囲まれ，浅場がほとんどないような海域においても海藻が生育できる基盤を作ることを目的としており，長さ 9 m，幅 3 m の筏ユニット 3 つから構成される筏式のほか，ブイに直接ロープを取り付けた浮き流しロープ式が試された．エコシステム護岸は，貧酸素化が生じ

表 10.2 尼崎港において適用可能として選定された技術（(財) 国際エメックスセンター，2003）

適用可能技術	環境特性に応じたアレンジ	選定技術名	実証方法
藻場の造成	直立岸壁に囲まれた浅海域の少ない海域 ⇒ 浮体構造物による海藻増殖に改良	浮体式藻場	現地実験
ベントス生息基盤の造成	直立岸壁に囲まれた浅海域の少ない海域 ⇒ 貧酸素化しない水深レベルに棚を設置	エコシステム護岸	現地実験
干潟の造成	直立岸壁に囲まれた浅海域の少ない海域 ⇒ 護岸に沿って勾配を持つ干潟を造成	人工干潟	現地実験
礫間接触浄化	波・流れが少なく停滞性の強い海域 ⇒ 石積浄化堤によるフィルター機能を付加	閉鎖性干潟	現地実験
海水交換促進	下水処理場からの負荷が強い海域 ⇒ 下水処理水排水口の移動も考慮	流況制御	水理模型実験
有機物系外除去	食品として適さない海藻も大量に発生する海域 ⇒ 堆肥化・バイオマスガス化技術を検討	海藻バイオマス利用	堆肥化実験 ガス化実験

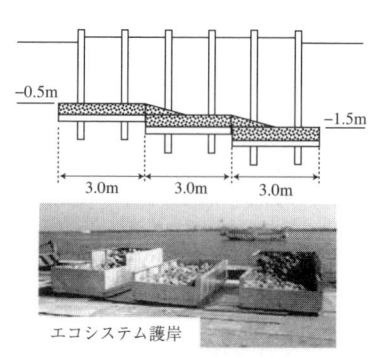

図 10.6 尼崎港内に設置された実証実験施設（(財) 国際エメックスセンター，2003）

ない水深帯に棚を設け，直立護岸で成長，脱落する付着動物を棚で受け止めるとともに，そこに生息するベントスの捕食によって物質循環を促進させることを目的とした技術で，棚部は水深−0.5 m，−1.0 m，−1.5 m の3段階で設置され，ベントス，有機堆積物，酸素消費速度などについて，既存の海底との比較が行われた．人工干潟は，直立護岸に囲まれた浅海域が少ない海域でも安価に造成ができる方法として，護岸に沿って勾配をもつ形式が取り入れられた．長さ 32.0 m，幅 16.0 m の干潟では，地盤の安定性の調査，底質，付着藻類，ベントスなどのモニタリングに加え，アサリの生息実験も行われた．閉鎖性干潟は，石積堤で閉鎖することにより物理フィルターおよび礫間接触酸化効果を期待したもので，停滞性の強い海域でも潮汐の干満差による海水交換が利用できるのが特徴である．人工干潟とほぼ同じ項目の調査を行うことによって，開放性の干潟との比較が行われた．これらの現地実験に加え，水理模型を用いた流況制御実験，海藻バイオマス有効利用を目的とした堆肥化およびガス化実験の結果を基礎として，後述する生態系モデルが構築された．

2）環境修復技術の最適組み合わせ

ケーススタディーの重要な役割は，修復効果を定量的に評価・予測し，目標を達成させるための最適な技術の組み合わせ，配置，規模を決定することである．ここでは，生態系モデルを用いた修復効果予測と最適選定について，パッケージ化プロジェクトで行われた事例を示す．

評価を行う際に用いられた生態系モデルは，中谷ら（2004）が大阪府泉佐野市にあるりんくう公園内海のモデルとして開発した生態系モデルを改良したものである．このモデルは物質循環型のボックスモデルで，浮遊系，付着系，底生系，底泥系，堤体系の各生態系モデルを独立なユニットとして扱い，ボックスごとに任意に組み合わせることができる．

図 10.7 は尼崎港を矩形のボックスで表し，そこに各技術の適用の有無，組合せによって8つのケースに分類したものである．Case 1 は何も適用しなかった場合，Case 2～4 は浅場の造成を行わなかった場合，Case 5～7 は浅場の造成を行った場合，Case 8 はほぼ全ての技術を適用した場合である．各ケースに合わせて生態系モデルの各ユニットを適宜組み合わせ，比較計算が行われている．なお，各ケースに対して，それぞれバックグラウンド条件が3月および9月の2条件，さらに Case 1 と Case 8 については，現状の下水処理場からの負荷を与えた場合と，下水処理場の負荷を減少させた（排水口を港口部に設置すると仮定）場合について計算されている．

また計算結果の評価には，以下の2つの指標が用いられている．

①透明度改善効果：各技術適用空間における表層海水中の懸濁物質量および光減衰率を解析することによって透明度改善効果を評価

②貧酸素化抑制効果：各技術適用空間における底層海水中の溶存酸素を解析することによって貧酸素化抑制効果を評価

表 10.3 に生態系モデルを用いて計算された表層透明度および底層溶存酸素の全ボックス平均値を示す．現状の Case 1 を見ると，表層透明度は3月の 3.64 m に比べて9月は 1.25 m となっており，夏場にかなり透明度が低下している．また底層溶存酸素は9月に 0.12 mg/l となっており，夏場の底層はほぼ無酸素状態になっている．

技術の適用による透明度の向上について9月現状負荷量で比較すると，エコシステム護岸を適用し

130　第Ⅲ編　大阪湾の自然再生

たCase 3ではCase 1との差は0.19 mとわずかであるが，浅場を造成すると大幅に上昇し，干潟と磯を配置したCase 6ではCase 1との差は0.79 mとなる．さらにその両方を適用したCase 8ではCase 1との差が1.33 mにまで増加し，それぞれ単独に適用した場合の上昇量を単純に加えた値以上の効果が現れている．またCase 5，Case 6の値を比較すると，Case 6の方が0.19 m高く，同一面積の浅場造

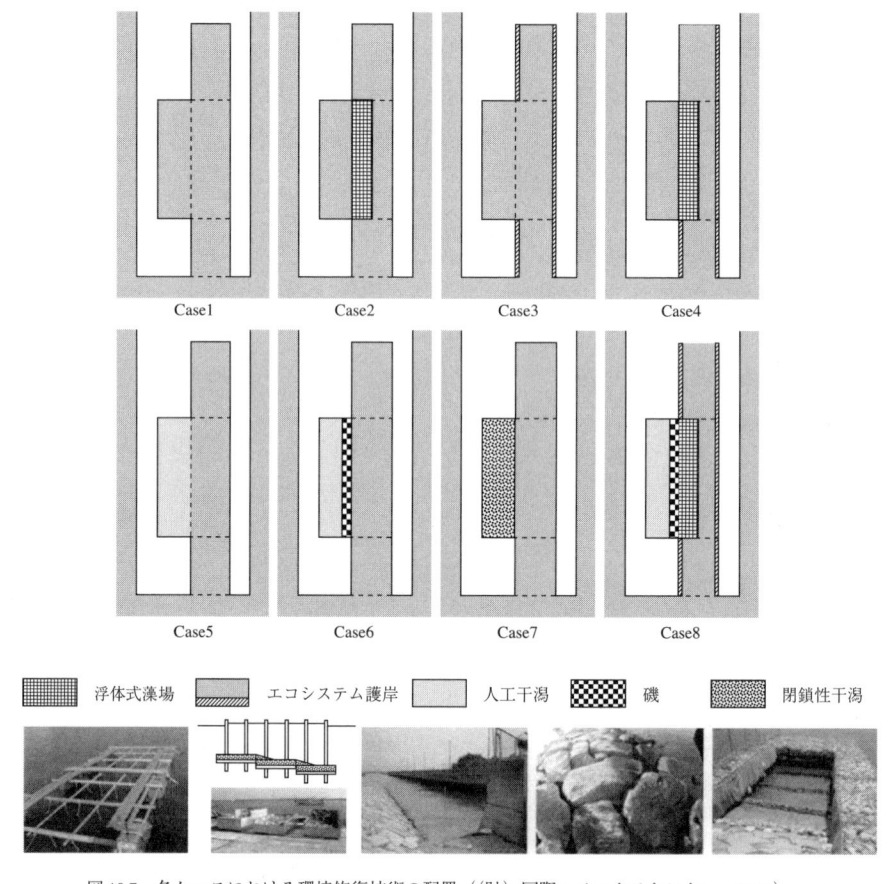

図10.7　各ケースにおける環境修復技術の配置（(財)国際エメックスセンター，2003）

表10.3　表層透明度および底層溶存酸素の全ボックス平均値（(財)国際エメックスセンター，2003）

	表層透明度平均値（m）					底層溶存酸素平均値（mg/l）			
	現状負荷量		負荷量減少			現状負荷量		負荷量減少	
	3月(3A)	9月(9A)	3月(3B)	9月(9B)		3月(3A)	9月(9A)	3月(3B)	9月(9B)
Case 1	3.64	1.25	3.87	1.43	Case 1	5.56	0.12	5.75	0.33
Case 2	3.70	—	—	—	Case 2	5.21	—	—	—
Case 3	3.75	1.44	—	—	Case 3	5.70	0.31	—	—
Case 4	3.90	—	—	—	Case 4	5.63	—	—	—
Case 5	3.99	1.85	—	—	Case 5	5.98	1.24	—	—
Case 6	4.20	2.04	—	—	Case 6	6.29	1.33	—	—
Case 7	4.30	2.35	—	—	Case 7	5.94	1.22	—	—
Case 8	4.53	2.58	4.76	2.85	Case 8	6.33	1.52	6.67	2.0

成をした場合でも，干潟単独ではなく磯と組み合わせることによって透明度の上昇が図れることがわかる．

一方，技術の適用による溶存酸素の増加について9月現状負荷量で比較すると，透明度と同様エコシステム護岸を適用したCase 3ではCase 1との差は0.19 mg/lとわずかであるが，浅場を造成すると大幅に上昇し，干潟と磯を配置したCase 6ではCase 1との差は1.21 mg/lとなる．その両方を適用したCase 8ではCase 1との差が1.40 mg/lとなっており，それぞれ単独に適用した場合の上昇量を加えた値とほぼ等しくなる．またCase 5, Case 6の値を比較すると，Case 6の方が0.09 mg/l高く，溶存酸素の向上の面でも干潟単独ではなく磯と組み合わせることによる効果が確認できる．

図10.8, 図10.9は，夏場（9月）におけるCase 1, 5, 8の表層透明度および底層溶存酸素の各技術適用空間における値をそれぞれ示したものである（図中-9Aは9月現状負荷量を，-9Bは9月負荷量減少を表す）．透明度の向上，溶存酸素の増加ともに浅場造成場所で顕著に現れており，干潟単独の場合においても透明度は3 m以上，溶存酸素は2 mg/l以上が確保されている．また，ほぼすべての技術を適用し，さらに負荷量を削減したCase 8-9Bでは，浅場造成場所で透明度が3.78 m, 溶存酸素が2.85 mg/lとなり，海底面まで十分な光強度が確保され，また底生生物の酸欠による死亡もほとんどなくなるレベルに達していることがわかる．これらの結果は，生物機能を利用した環境修復を行う際には，1つの生物機能にのみ着目した単一の技術を適用するのではなく，多様な生物生息場を創出し，生物

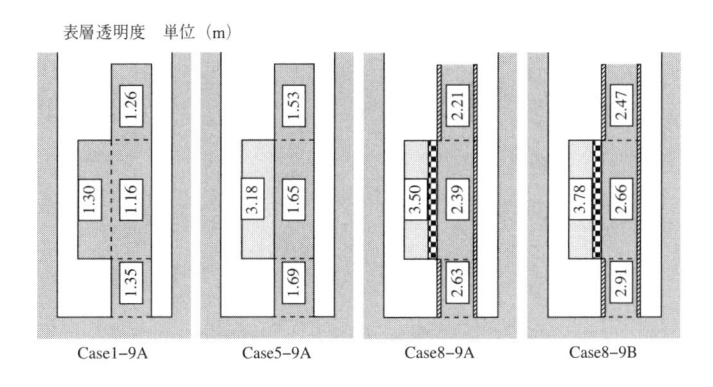

図10.8 夏場（9月）における表層透明度の計算値（（財）国際エメックスセンター，2003）

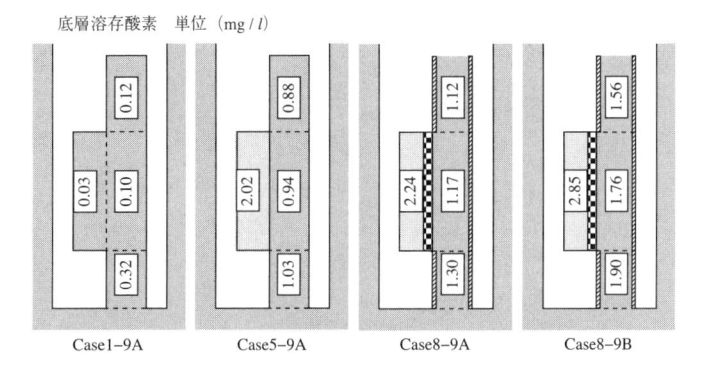

図10.9 夏場（9月）における底層溶存酸素の計算値（（財）国際エメックスセンター，2003）

間の補完機能が十分に発揮される場の創出が重要であることを示している．

3）事業提案とその評価

パッケージ化プロジェクトにおいては，前節で述べた環境修復効果の定量的評価の結果から，図 10.10 に示すようにほぼ全ての環境修復技術を適用し，さらに下水処理水の排水口を港口に移動（負荷量削減に相当）した場合が最も環境修復効果が高く，最適な環境修復技術の組み合わせ例であると示されている．しかし，実際の事業提案を行う場合には，港湾機能や海面の利用に支障をきたさないかどうか，地質や波浪の条件が浅場造成可能範囲に収まっているか，総事業費はいくらになるか，などを考慮しなければならない．そこで，尼崎港の港湾計画および尼崎 21 世紀の森構想との整合性をとることを前提とした，図 10.11 に示すような現実案についても検討されている．

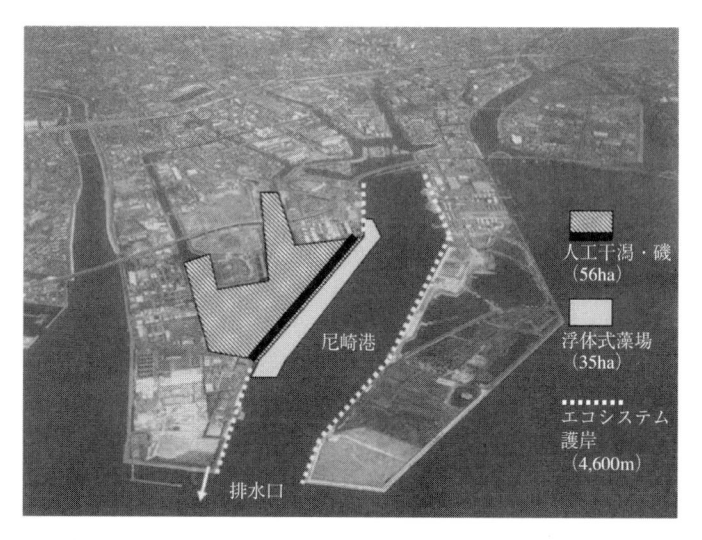

図 10.10　尼崎港における環境修復事業理想案

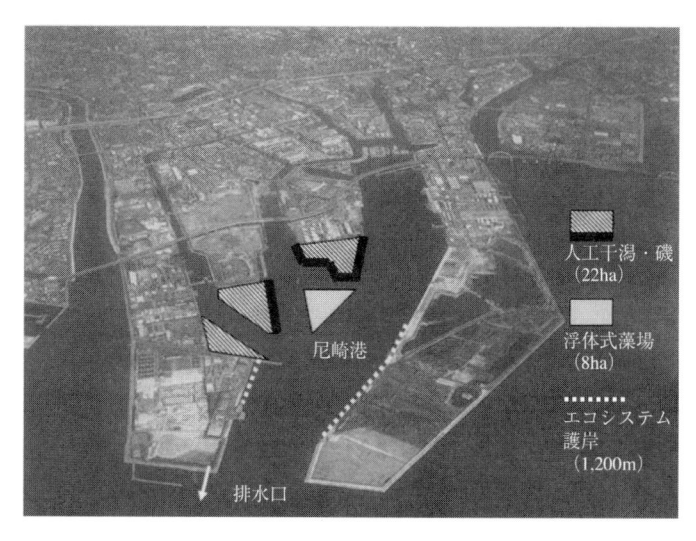

図 10.11　尼崎港における環境修復事業現実案

表 10.4　尼崎港の環境修復事業現実案において計算された概算事業費
((財) 国際エメックスセンター, 2003)

区分	諸元・規模	概算事業費
干潟および磯	砂留め潜堤：約 2,800 m 干潟：約 22ha	2,800 百万円 7,400 百万円 計　10,200 百万円
浮体式藻場	約 8 ha	50 百万円
エコシステム護岸	延長約 1,200 m	1,500 百万円
合　計		11,750 百万円

　表 10.4 は，図 10.11 の現実案を実施した場合の概算事業費の算出結果である．この概算事業費算出にあたっては多くの不確定要素を含んでいるため，算定精度はそれほど高くないことに注意する必要があるが，それを考慮した上でおおよそ 120 億円程度の事業費が見込まれるとされている．金額が高いとみるか安いとみるかは現時点では意見が分かれるであろう．しかしながら，このような港湾海域は貴重な社会基盤であることに加え，そこでの環境修復の必要性・必然性は着実に高まってきている．事業主体，費用負担などの仕組みを整備することができれば，事業化への道が開けるであろう．

(大塚耕司)

Q & A

Q1　図 10.1 に示されている「適用可能な技術のスクリーニング」の意味を教えてください．

　スクリーニング (screening) の直訳は「ふるいに掛けること」です．ここでは，多くの環境修復技術の中から，その機能や適用可能条件を基に，対象海域にふさわしくない技術をふるい落とす（候補技術を選び出す），という意味で用いています．

Q2　合意形成のところで出てくる「コンフリクト」と「パブリック・インボルブメント」の意味を教えてください．

　コンフリクト (conflict) は「主義上の争い」，「利害の衝突」などを意味します．合意形成論の中では，カタカナでそのまま書かれることが多くなってきています．パブリック・インボルブメント (public involvement) の直訳は「一般人を巻き込む」です．これも合意形成論ではよく出てくる言葉で，PI と書かれることもあります．

Q3　大阪湾再生推進会議はどのような人が参加しているのですか？

　大阪湾再生推進会議は，内閣官房の都市再生本部が中心となり，大都市圏における「海の再生」事業の一環として，2001 年 12 月に設置されました．構成員には，都市再生本部事務局のほか，国土交通省，農林水産省，環境省，滋賀県，京都府，大阪府，兵庫県，奈良県，和歌山県，京都市，大阪市，神戸市，(財) 大阪湾ベイエリア開発推進機構などが名を連ねています．

Q4　尼崎 21 世紀の森構想について教えてください．

　尼崎 21 世紀の森構想は，兵庫県と尼崎市が 2002 年 3 月に策定した構想です．工場跡地などの遊休

地を抱える尼崎臨海地域において，国道43号線以南の全地域（約1,000 ha）を対象に，50年間かけて水と緑豊かな自然環境の創出による環境共生型のまちづくりを行うことを目指しています．

> Q5 尼崎港におけるボックスモデルを用いた計算では，栄養塩についてはどのような結果になったのでしょうか？

尼崎港内の栄養塩レベルについては，環境修復技術を適用してもほとんど下がりません．もともと栄養塩負荷量に対して，系外除去（生物体による持ち出し）量が圧倒的に小さいためで，過栄養な閉鎖性海域の宿命であるといえます．つまり，一次生産量は技術適用後もあまり変わらないということです．しかし，技術の適用によって多様な生物生息空間を創出すると，生産された有機物が効率よく他の生物へ流れていき，透明度や溶存酸素は上昇します．炭素や窒素などの物質は様々な形に変化（循環）していくのですが，懸濁物質や有機堆積物の形で蓄えられるのではなく，健康な生物体として存在すること，さらにはそれらを回収し有効利用することが重要であるといえます．

文　献

中谷直樹・大塚耕司・奥野武俊（2004）：生態系モデルを用いた環境修復技術の機能評価－りんくう公園内海の事例－，土木学会論文集，Ⅶ-30，13-28
小川博之（2004）：大阪湾再生行動計画について，瀬戸内海，38，1-6
大阪府（2005）：大阪府漁場環境保全方針，平成17年3月
（財）国際エメックスセンター（2003）：閉鎖性海域における最適環境修復技術のパッケージ化（環境修復技術のベストミックスによる物質循環構造の修復）研究開発成果報告書

索　引

〔あ行〕

青潮　57
安治川　14
亜硝酸態窒素　50
アピールポイント　124
尼崎 21 世紀の森構想　127
アンモニア態窒素　50
ヴァーチャルウォーター（virtual water）　7, 46
海の再生　87
埋め立て　67
ADCP　39
エコシステム護岸　95, 128
エコポート政策　101
エコロジカルフットプリント　4
エスチュアリー循環　39
n-ヘキサン抽出物質　49
えべっさん　22
沿岸域管理法（CZMA）　83
沿岸域総合管理法　83
沿岸域法　83
沿岸海域の再生　9
大阪府漁場環境保全方針　124, 125
大阪湾再生行動計画　87, 89, 123
大阪湾再生推進会議　123
大阪湾フェニックス計画　18
大浜公園　20
御救大浚　15
御前浜　21

〔か行〕

海岸法　82
海藻　63
　──バイオマス有効利用　129
外部負荷　52
海洋基本法　83
海洋レーダー　39
過栄養域　52
化学的環境修復技術　96
化学的酸素要求量　49
河川法　82
過飽和　57
河内湖　11
河内湾　11
河村瑞賢　14
環境悪化の連関　52
環境改善　110
環境技術実証事業　97
環境基準　114
環境修復技術　93
環境負荷回収利用型行政　7
環境負荷抑制分散型行政　7
干出度　77
忌避反応　70
経ヶ島　13
漁獲統計　68
漁業生物　65
漁業用水　2
漁港法　83
呉地域海洋環境プロジェクト創出研究会　96
傾斜護岸　74
ケーススタディー　123
下水道法　53
懸濁物質　49
合意形成　122, 126
甲子園浜　20
行動計画　110
後発水利権　8
香櫨園　21
港湾海域　64
港湾法　82
国際航路会議　103, 104
国連人間環境会議　80
コンフリクト　126

〔さ行〕

再生　116
　──アセスメント　120
草香江　11
3R（Reduce, Reuse, Recycle）　9
残差流系　37
酸素濃度　70
COD（化学的酸素要求量）　8, 50

GBRMPA　107
シーブルー事業　101
潮目　36
事業評価　109
自然再生事業　100, 102
自然再生推進法　84, 86, 103, 104
持続可能性　126
四天王寺ワッソ　21
重点エリア　124
修復　116
重油流出事故　5
順圧（バロトロピック）　43
順応的な対策　75
順応的な管理　105, 108, 109
消散態窒素　50
植物プランクトン　61
食糧危機　4
食糧自給率　4
尻無川　20
人工塩性湿地　77
人工干潟　78, 95, 129
水産用水基準　114
水素イオン濃度　49
垂直護岸　73
水面積負荷　65
水流発生装置　72
スクリーニング　105, 128
成層　34, 48
生態系　60
　──モデル　129
生物間の補完機能　131
生物資源循環産業　6
生物的環境修復技術　96
西洋型食生活　10
瀬戸内海大型水理模型　95
瀬戸内海環境保全特別措置法　5, 31
瀬戸内海環境保全臨時措置法　2
全国海の再生プロジェクト　88
先発水利権　8
総合規制改革会議　84
総量規制　31
ゾーニング　107, 123
外海水の導入　75

〔た行〕
大腸菌群数　49
高潮　16
多様度指数　60
多様な生物生息場　131
チェサピーク湾環境修復計画（CBP）　82
窒素収支　76
チヌの海　11
津波　18
T-N（全窒素）　49, 50
DO（溶存酸素）　49
TOC（全有機炭素）　50
DO飽和度　30, 31
T-P（全リン）　49, 51
停滞性水域　47
デトリタス　54
転送効率　62
天保山　15
東京湾再生のための行動計画　87
動物プランクトン　61
透明度　8, 30
　──改善効果　129

〔な行〕
内部生産　52
内部負荷　52
中勘兵衛　14
難波津　13
難波の堀江　13
二次汚染　74
西宮甲子園浜埋立公害訴訟　22
人間環境宣言　80

〔は行〕
排他的経済水域　6
パッケージ化　127
パブリック・インボルブメント　126
ハマグリ　19
浜寺公園　20
Paralia Nature　111
バルト海海洋環境保護条約　80
BOD（生物学的酸素要求量）　8, 50
PCbs汚染問題　5
光補償深度　2, 9
貧栄養域　52

貧酸素化　48
　　——抑制効果　129
貧酸素水塊　29, 56, 70
貧酸素耐性　71
貧酸素の定義　56
フィルド・コンソーシアム　94
富栄養域　52
富栄養化関連指標　50
負荷量　67
腐水域　52
浮体式藻場　95, 128
付着動物　63
物理的環境修復技術　96
船渡御　22
プランクトン食性魚　117
閉鎖性干潟　129
閉鎖的干潟　95
閉鎖度指数　65
ベストミックス　94, 127
ヘルシンキ条約　81
ヘルシンキ委員会（HELCOM）　81
ベントス　62

〔ま行〕

澪標　15
密度流的特性　37
ミティゲーション　92
　　——技術　93
　　——プログラム　92
無機態窒素　50
ムラサキイガイ　73
メガベントス　72
目標設定　109

〔や行〕

躍層構造　34
大和川　14
有害赤潮　5
有機汚泥　54, 119
有機懸濁物　54
有機態窒素　50
有機物汚濁指標　49
湧昇　57
溶出　119
養殖ノリ色落　8

溶存態リン　51
溶存無機態窒素　50, 69
溶存無機態リン　51
溶存無機態リン　69
溶存有機態窒素　50
溶存有機態リン　51
余剰資源回収産業　7
ヨハネス・デ・レーケ　16

〔ら行〕

流況制御　129
　　——技術　93
粒状態リン　51
粒状有機態窒素　50
流入負荷　52
類型　114
レッドフィールド比　57
Le Havre　111
ロスビー変形半径　37

大阪湾―環境の変遷と創造

2009年10月1日　初版1刷発行

生態系工学研究会 編©

発行者　片岡一成

印刷・製本　（株）シナノ

発行所　株式会社 恒星社厚生閣
〒160-0008　東京都新宿区三栄町8
Tel 03-3359-7371　Fax 03-3359-7375
http://www.kouseisha.com/

（定価はカバーに表示）

ISBN978-4-7699-1208-8 C3051

瀬戸内海を里海に

瀬戸内海研究会議 編
B5 判/118 頁/並製/定価 2,415 円

自然再生のための単なる技術論やシステム論ではなく，人と海との新しい共生の仕方を探り，「自然を保全しながら利用する，楽しみながら地元の海を再構築していく」という視点から，瀬戸内海の再生の方途を包括的に提示する．豊穣な瀬戸内海を実現するための核心点を簡潔に纏めた本書は，自然再生を実現していく上でのよき参考書．

里海論

柳 哲雄 著
A5 判/112 頁/並製/定価 2,100 円

「里海」とは，人手が加わることによって生産性と生物多様性が高くなった海を意味する造語．公害等による極度の汚染状態をある程度克服したわが国が次に目指すべき「人と海との理想的関係」を提言する．人工湧昇流や藻場創出技術，海洋牧場など世界に誇る様々な技術に加え，古くから行われてきた漁獲量管理や藻刈の効果も考察する．

有明海の生態系再生をめざして

日本海洋学会 編
B5 判/224 頁/並製/定価 3,990 円

諫早湾締め切り・埋立は有明海の生態系にいかなる影響を及ぼしたか．干拓事業と環境悪化との因果関係，漁業生産との関係を長年の調査データを基礎に明らかにし，再生案を纏める．本書に収められたデータならびに調査方法等は今後の干拓事業を考える際の参考になる．各章に要旨を設け，関心のある章から読んで頂けるようにした．

水圏生態系の物質循環

T. アンダーセン 著／山本民次 訳
A5 判/280 頁/上製/定価 6,090 円

湖の富栄養化は世界中の深刻な問題である．本編では水圏生態学の基礎的知見に栄養塩循環と化学量論的概念を導入し，理論生態学を環境管理の予測ツールとし，生産性と食物網構造を記述，水圏のリン負荷から細胞内プロセス，食物網内での転送効率と生態系の安定性を明解にした．T. Andersen 著「Pelagic Nutrient Cycles」の全訳．

明日の沿岸環境を築く
環境アセスメントへの新提言

日本海洋学会 編
B5 判/並製/220 頁/定価 3,990 円

埋立て，干拓など開発事業による海洋生態破壊をいかに防ぐか．1973年発足以来環境問題に取り組んできた日本海洋学会環境問題委員会が総力を挙げて作成．第 I 章過去の環境アセスメントの実例と新たな問題の整理．第 II 章長良川河口堰，三番瀬埋立てなどの問題点．第 III 章生態系維持のためのアセスメントの在り方．第 IV 章社会システムの在り方．

水産業における 水圏環境保全と修復機能

松田 治・古谷 研・谷口和也・日野明徳 編
A5 判/上製/134 頁/定価 2,625 円

水産学シリーズ 132 巻　従来，主として水域からの動物性タンパク質の供給事業として捉えられてきた水産業は，しかし多面的な機能をもっており，今日その環境保全ならびに環境修復機能が評価されてきている．本書は，これまで集積された漁獲・漁場環境データを基礎に，水産業の果たす役割と今後のあり方を提示する．

養殖海域の環境収容力

古谷 研・岸 道郎・黒倉 寿・柳 哲雄 編
A5 判/141 頁/上製/定価 2,730 円

水産学シリーズ 150 巻　過密養殖や過剰給餌などの環境負荷によって養殖漁場の環境悪化が問題となっている．この問題を打開していくためには，水圏の物質循環の知見を基礎に適切な養殖規模と方法の策定が必要だ．本書は海面養殖が直面する問題打開のための最新情報を提供する．

増補改訂版 海洋環境アセスメントのための 微生物実験法

石田祐三郎・杉田治男 編
A5 判/208 頁/並製/定価 2,415 円

本書は一般的な有機汚濁物質や有害物質による海洋汚染と富栄養化に焦点を当て，環境科学に係る実験・実習を行う際の好テキスト．生活環境保全に関する環境基準など最低限必要な項目を「基礎編」，より専門的なアプローチとして「応用編」を設け便をはかる．「海洋細菌の抗菌活性の測定」等，4 項目を増補．

海の環境微生物学

石田祐三郎・杉田治男　編
A5 判/239 頁/並製/定価 2,940 円

海の環境汚染はより深刻になっている．本書は，こうした中で海の物質循環を支える微生物について，その種類，性質，役割を，また人工有機化合物などによる汚染の現状など基本的事柄をわかりやすくまとめ，かつ環境修復に応用可能な微生物についての基礎的知見と応用例などを紹介した海洋微生物学に関する入門書である．

環境配慮・地域特性を生かした 干潟造成法

中村 充・石川公敏 編
B5 判/146 頁/定価 3,150 円

消滅しつつある生物の宝庫干潟をいかに創り出すか．本書は，人工干潟の造成の企画立案・目標の設定・環境への配慮・住民との関係，具体的な造成の手順など分かり易く解説．既に造成されている干潟造成の事例（東京湾・三河湾・英虞湾など）を挙げ教訓など貴重な意見を紹介．また重要な点をポイント欄で平易に解説する．

価格表示は税込み